ACHTSAMKEIT IM
JOB

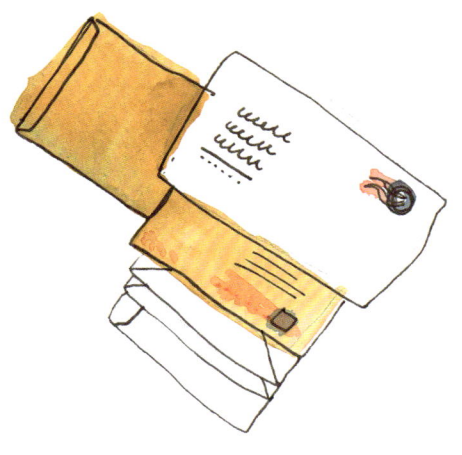

ACHTSAMKEIT IM JOB

Stress reduzieren, produktiv arbeiten und zufriedener sein

ANNA BLACK

Aus dem Englischen übersetzt von Nina Kavelar

TRIAS

Für Catherine – vielen Dank für deine Freundschaft, deine Weisheit und deine Unterstützung.

Bibliografische Information der Deutschen Nationalbibliothek
Die Deutsche Nationalbibliothek verzeichnet diese Publikation in der Deutschen Nationalbibliografie. Detaillierte bibliografische Daten sind im Internet über http://dnb.d-nb.de abrufbar.

Die englische Originalausgabe erschien 2018 unter dem Titel „Mindfulness @ Work" bei CICO Books, London, ein Imprint von Ryland Peters & Small Ltd.
20-21 Jockey's FieldsLondon WC1R 4BW

Text © Anna Black 2014
Design und Illustrationen © CICO Books 2014
Redaktion: Jennifer Jahn
Design: Manisha Patel
Illustrationen: Amy Louise Evans

1. Auflage 2018

© 2018 TRIAS Verlag in
Georg Thieme Verlag KG
Rüdigerstraße 14, 70469 Stuttgart, Deutschland

www.trias-verlag.de

Printed in China

Redaktion und Satz: Print Company Verlagsges.m.b.H., Wien
Übersetzung: Nina Kavelar
Umschlaggestaltung: CYCLUS Visuelle Kommunikation, Stuttgart
Umschlagillustration: Amy Louise Evans

ISBN 978-3-432-10802-5

Das Werk einschließlich aller seiner Teile ist urheberrechtlich geschützt. Jede Verwendung außerhalb der engen Grenzen des Urheberrechtsgesetzes ist ohne Zustimmung des Verlages unzulässig und strafbar. Dies gilt insbesondere für Vervielfältigungen, Übersetzungen oder die Einspeicherung und Verarbeitung in elektronischen Systemen.

Hinweis
Weder Autor noch Verlag übernehmen Verantwortung für eventuell aus der Anwendung der Prinzipien und Techniken, die in diesem Buch vorgestellt werden, resultierende Schäden. Dieses Buch eignet sich nicht zur Behandlung schwerwiegender gesundheitlicher Beschwerden. Wenden Sie sich unbedingt an einen Arzt, wenn Sie sich in irgendeiner Weise unwohl fühlen oder sich über Ihren Gesundheitszustand Sorgen machen.

INHALT

6 Einleitung: Entdecken Sie die Achtsamkeit

Kapitel eins:
12 BEWUSSTER ARBEITEN

Kapitel zwei:
44 IHR ARBEITSPLATZ

Kapitel drei:
80 ARBEITEN MIT ANDEREN

Kapitel vier:
100 ZU HAUSE

140 Wie geht es weiter?
141 Informationen zum Thema

142 Register

144 Danksagung

EINLEITUNG

ENTDECKEN SIE DIE ACHTSAMKEIT

Viele Leute glauben, sie können nicht meditieren. Aber jeder kann achtsam sein. Bestimmt haben Sie schon Momente erlebt, in denen Sie völlig in der Gegenwart präsent waren. Mithilfe von Achtsamkeitsmeditation lernen Sie, sich bewusst auf den gegenwärtigen Moment zu besinnen – und auf vielfältige Weise davon zu profitieren.

Ich entdeckte die Achtsamkeit in einer Zeit, in der ich ständig gestresst war. Der meiste Stress entstand durch meine Arbeit. Ich war befördert worden und nach der anfänglichen Begeisterung fühlte ich mich zunehmend überfordert. Am Personal wurde gespart, sodass die Angestellten in Arbeit versanken. Ein neues Management führte neue Abläufe ein, die zwar gut für die Firma, aber weniger angenehm für die betroffenen Mitarbeiter waren. Der Arbeitsalltag wurde immer mehr zur Herausforderung. Umso gestresster wir waren, desto gereizter und fordernder wurden wir. Die Arbeit wurde zu einem Ort, an dem man es nur schwer aushalten konnte.

Ich kannte die langfristigen Auswirkungen von Stress auf die Gesundheit, daher suchte ich nach einer Möglichkeit, besser damit umzugehen. Bei einer lokalen buddhistischen Meditationsgruppe hatte ich schon einmal mit dem Meditieren geliebäugelt, aber ich wollte mich keiner Glaubensgemeinschaft anschließen. Außerdem sprach mich das Meditieren nicht so richtig an – ich konnte dem Lotussitz nichts abgewinnen und verstand nicht, was zu tun war, wenn ich meinen Geist beobachten sollte. Ich hatte keine Ahnung, wie das funktionierte, und schloss daraus, dass nicht jeder zum Meditieren geeignet und mein Geist einfach zu rege ist. (Wir halten uns selbst schließlich immer für etwas Besonderes!)

Durch Zufall fiel mir ein Buch von Jon Kabat-Zinn in die Hände: *Gesund durch Meditation*. Darin las ich zum ersten Mal den Begriff „Achtsamkeitsmeditation". Durch die Lektüre dieses Buchs erkannte ich, dass man auch ohne spirituellen Rahmen meditieren kann und dass das Meditieren unzählige Vorteile für die Gesundheit mit sich bringt. Ich begann, Achtsamkeit zu praktizieren, und bemerkte, dass man mit kleinen Impulsen große Veränderungen herbeiführen kann. Ich musste mich zuerst von meinen Erwartungen lösen, um mich unbekannten Möglichkeiten öffnen zu können.

Lernen Sie, zu meditieren

Ich fand heraus, dass man in unterschiedlichen Sitzpositionen meditieren kann und dass unsere Haltung nur ein Mittel zum Zweck ist. Beim Meditieren geht es außerdem nicht darum, alle Gedanken aus dem Kopf zu verbannen. Stattdessen lässt man die Gedanken auftauchen und wieder verschwinden, ohne sich mit ihnen zu beschäftigen. Ich lernte, dass meine Gedanken immer wieder abschweiften und sie meine Aufmerksamkeit *immer wieder* auf einen wichtigen Fixpunkt lenkten. Mit der Zeit konnte ich länger stillsitzen. Ich erkannte auch, dass es weniger auf die Dauer der Meditation ankam als vielmehr auf die Regelmäßigkeit und die Qualität meiner Aufmerksamkeit. Es bringt mehr, häufiger kurz zu meditieren als einmal im Monat eine Stunde lang. Ich übte, mich auf meinen Körper einzustimmen. Ich hatte ihn im Laufe der Jahre immer weniger beachtet. Nun bemerkte ich, dass er mir ständig präzises Feedback über mein tatsächliches Befinden gab. Mir wurde bewusst, dass ich in der Arbeit oft gut gelaunt in ein Meeting ging, meine Energie dann aber innerhalb kurzer Zeit verpuffte, meine Haltung erschlaffte und sich mein Nacken und meine Schultern verspannten. Ich erkannte nun den direkten Zusammenhang zwischen meiner Umgebung und meinem körperlichen und emotionalen Wohlbefinden.

Eine Beförderung ist für mich immer etwas Positives gewesen. Wollen wir denn nicht alle mehr Geld verdienen und anspruchsvollere Aufgaben übernehmen? Achtsamkeit half mir, zu unterscheiden, was ich wirklich wollte und wovon ich nur dachte, dass ich es bräuchte. Ich erkannte, dass meine neuen Aufgaben nicht die richtigen für mich waren, da ich nun weniger von dem tat, was ich an meinem Job eigentlich am meisten mochte. Als Kind war ich für meine Unentschlossenheit bekannt gewesen. Durch Achtsamkeit und Meditation entwickelte ich Selbstvertrauen und einen Glauben an die Entscheidungen, die ich treffe. Das hat mein ganzes Leben verändert.

Wie wir unsere wahren Gefühle akzeptieren

Grundlegend bei der Achtsamkeitspraxis ist, dass wir uns eingestehen, wie wir uns *wirklich* fühlen, und nicht immer daran denken, wie wir uns fühlen sollten. Wenn wir sämtliche Aspekte unserer Persönlichkeit akzeptieren – auch jene, die wir eigentlich ablehnen –, können wir bessere Entscheidungen treffen. Denn erst wenn wir unsere Ausgangssituation ganz genau verstehen, können wir entsprechend handeln. Meine Achtsamkeitspraxis hat mich gelehrt, dass es keinen Stillstand gibt: Ich habe immer noch Stress, aber ich weiß jetzt, was ich dagegen tun kann.

Das Praktizieren von Achtsamkeit am Arbeitsplatz ist schwierig, da die Arbeit meist von Denken und Grübeln geprägt ist: Hier lösen wir Probleme und erledigen Aufgaben. Wir verfolgen Ziele und haben gewisse Erwartungen an die Leistung anderer – genauso wird von uns Leistung erwartet. Oft verdrängen wir Gefühle, die während der Arbeit auftauchen, und lenken uns mit wenig hilfreichen Strategien ab: Wir arbeiten zu viel, essen zu viel oder zu wenig oder betäuben uns mit Alkohol oder Drogen. Vielleicht verlieren wir sogar die Kontrolle und erzeugen für unsere Kollegen dadurch eine Atmosphäre, die von Angst und Unsicherheit geprägt ist. Oft versuchen wir, unsere emotionalen Probleme rational zu lösen, wodurch wir zwar oberflächlich funktionieren, aber innerlich zugrunde gehen und in sinnlosen Grübeleien und negativen Denkmustern versinken.

Dieses Buch richtet sich an Menschen, die mehr über Achtsamkeit am Arbeitsplatz erfahren möchten, es ist allerdings keine umfangreiche Anleitung für Achtsamkeitstraining am Arbeitsplatz – dafür gibt es weiterführende Informationen auf Seite 141. Dieses Buch ist nur ein kleiner Einblick in die Möglichkeiten, die Achtsamkeitsmeditation für Beruf und Privatleben bereithält. Wenn Ihnen die hier enthaltenen Übungen helfen, können Sie sich noch tiefergehend mit dem Thema beschäftigen – dazu finden Sie auf Seite 140 einige Vorschläge.

SO MACHEN SIE DAS BESTE AUS ACHTSAMKEIT IM JOB

Jede Aktivität kann achtsam ausgeführt werden. Das Schwierigste ist meist, daran zu denken, achtsam zu sein – besonders im hektischen Alltag. Damit wir uns an die Achtsamkeit erinnern und sie so zu einem Fixpunkt in unserem Leben wird, planen wir am besten, so oft es geht, kurze Pausen ein, in denen wir allein und für uns sind – und uns zum Beispiel ganz auf unsere Atmung konzentrieren (Seite 102) oder eine andere Übung aus diesem Buch machen. Die Geisteshaltung und die Fähigkeiten, die wir uns durch regelmäßige Praxis aneignen, geben uns die Ruhe und die Zuversicht, um Achtsamkeit auch in stressigen Situationen praktizieren zu können. Es ist keine Kunst, bei einer Atemübung zu Hause gelassen zu bleiben. Schwieriger wird es im Gespräch mit einem aufgebrachten Kunden oder bei einer Krise am Arbeitsplatz.

Wichtig ist, sich einzugestehen, dass man etwas Schwieriges macht. Wir arbeiten an Verhaltensmustern, die wir uns über viele Jahre eingeprägt und immer wieder wiederholt haben. Wir können sie nur verändern, indem wir ihnen mit unzähligen kleinen, positiven Handlungen begegnen, bis wir neue Denkmuster und Verhaltensweisen geschaffen haben. Der Weg dahin ist jedoch nicht geradlinig, sondern besteht aus Hochs und Tiefs, vielen Kurven und Neustarts. Das gehört dazu. **Der Weg an sich ist bereits ein Fortschritt.** Dieser Weg erfordert Geduld und ein großes Maß an Liebe und Güte sich selbst gegenüber. Hören Sie auf, sich in eine bestimmte Wunschvorstellung verwandeln zu wollen. Praktizieren Sie Achtsamkeit so gut und wann immer Sie können. Mehr müssen Sie nicht von sich verlangen.

Lesen Sie zuerst das Kapitel **Bewusster arbeiten** (Seite 12), um mehr über die Auswirkungen von Stress zu erfahren, und dann die beiden Hauptkapitel dieses Buchs, in denen Sie Übungen und Ideen für mehr Achtsamkeit am Arbeitsplatz finden: **Ihr Arbeitsplatz** (Seite 44) und **Arbeiten mit anderen** (Seite 80). Weil sich unsere Arbeitssituation auch auf unser Privatleben auswirkt, gibt es das Kapitel **Zu Hause** (Seite 100). Ich empfehle Ihnen, auch einige der formellen Meditationspraktiken in diesem Kapitel auszuprobieren, da Ihnen die dabei entwickelten Fähigkeiten helfen, auch im Arbeitsalltag achtsam zu sein.

Sie können das Buch von vorn bis hinten durchlesen oder auch wahllos die eine oder andere Übung ausprobieren. Wenn Ihnen eine Übung zusagt, werden Sie vielleicht allmählich immer mehr Übungen in Ihren Alltag einbauen. Setzen Sie Achtsamkeit am Arbeitsplatz kreativ ein: Viele der hier enthaltenen Übungen können leicht abgewandelt für unterschiedlichste Situationen passen – es gibt nicht nur eine Art, sie anzuwenden.

Falls Sie sich noch weiter mit dem Thema Achtsamkeit beschäftigen möchten, finden Sie in den Kapiteln **Wie geht es weiter?** (Seite 140) und **Informationen zum Thema** (Seite 141) einige Anregungen dazu.

Bevor Sie beginnen

Die meisten Übungen in diesem Buch sind formlose Praktiken, die sich besonders für Anfänger gut eignen. Sollte eine Übung bei Ihnen eine unerwünschte Wirkung zur Folge haben, hören Sie mit der Übung auf und wenden Sie sich an einen Achtsamkeitslehrer oder an einen Arzt, bevor Sie die Übung weiter praktizieren.

Falls Sie schon Erfahrungen mit Achtsamkeitsmeditation gemacht haben, wird Sie dieses Buch hoffentlich dazu anregen, noch mehr Achtsamkeit in Ihr Leben zu bringen. Denn je mehr Achtsamkeit wir in unseren Alltag integrieren, desto größer ist der Nutzen, den wir daraus ziehen.

KAPITEL EINS

BEWUSSTER

ARBEITEN

Stress am Arbeitsplatz ist einer der häufigsten Gründe
für Krankmeldungen und kann langfristige Auswirkungen auf
die Gesundheit haben. Dieses Kapitel beschäftigt sich mit Stress –
wie er uns beeinflusst und wie eine regelmäßige Achtsamkeitspraxis
unser körperliches und seelisches Wohlbefinden fördern kann.
Denn nur wenn wir gesund sind, können wir
unser volles Potenzial ausschöpfen.

Durch regelmäßige Achtsamkeitsmeditation werden wir uns der Gefühle in unserem Kopf, unserem Körper und unserem Herzen bewusst. In diesem Bewusstsein kann ein Moment entstehen, der lang genug ist, um innehalten und Abstand nehmen zu können. So verwandelt sich eine automatische Spontanreaktion in überlegtes Handeln, was auch im Alltag nützlich sein kann:

„Am letzten Tag vor meinem Urlaub kommunizierte ich per E-Mail mit einem Kunden. Ich wollte an diesem Tag noch eine Aufgabe abschließen, aber der Kunde stellte sich quer. Als ich meine Antwort tippte, merkte ich, wie verärgert ich war. Ich hämmerte richtig in die Tasten. Also hielt ich inne. Mir wurde bewusst, dass ich gerade wütend war, und so löschte ich meine Nachricht wieder. Wenige Stunden später schrieb der Kunde, dass seine ursprüngliche Forderung unangemessen gewesen sei und ich nach meinem Plan vorgehen solle. Es freute mich, dass mir meine Achtsamkeit dabei geholfen hatte, meine Reaktion zu bemerken, innezuhalten und zu überlegen, bevor die Situation eskalieren und meiner Geschäftsbeziehung mit dem Kunden schaden konnte."

Dank ihrer Achtsamkeitspraxis wurden Alex, der Verfasserin dieses Berichts, ihre körperliche Reaktion, ihre Gereiztheit und ihre Frustration bewusst. Dieses Bewusstsein diente als Warnsignal, das sie innehalten ließ. Anstatt impulsiv zu reagieren und dadurch der Kundenbeziehung zu schaden, reagierte sie anders, was zu einem positiven Ergebnis für alle Beteiligten führte. Das ist nur ein Beispiel, wie eine regelmäßige Achtsamkeitspraxis unser Verhalten beeinflussen kann.

ACHTSAMKEIT AM ARBEITSPLATZ

Jeder „Arbeitsplatz" sieht anders aus. Für viele von uns ist es ein Büro, es kann aber auch ein Krankenhaus, eine Schule, ein Gefängnis, eine Polizeistation, ein Geschäft oder eine Einrichtung im Dienstleistungsbereich sein. Vielleicht arbeiten Sie am Schreibtisch oder im Freien, im Team oder allein zu Hause. Vielleicht fahren Sie jahrelang jeden Tag an denselben Ort – oder Ihr Arbeitsplatz ist immer ein anderer. Vielleicht arbeiten Sie an Land, auf dem Wasser oder in der Luft. Was auch immer Sie tun und wo Sie auch arbeiten: Alle Arbeitsplätze haben gemeinsam, dass wir dort den Großteil unseres Erwachsenenlebens verbringen. Egal ob es uns gefällt oder nicht. Wir arbeiten, um Geld zu verdienen und einen Beitrag zur Gesellschaft zu leisten. Wenn wir neue Menschen kennenlernen, ist unser Beruf oft eines der ersten Gesprächsthemen. Unsere Arbeit verleiht uns Identität und eine bestimmte Stellung in der Gesellschaft. Das Wichtige dabei ist: Wenn unsere Arbeit unsere Identität prägt und wir den Großteil des Tages in der Arbeit verbringen, kann eine negative Veränderung in unserem Arbeitsumfeld schwerwiegende Auswirkungen auf uns haben.

Es gibt genügend Belege dafür, dass der Arbeitsplatz für viele ein Problemfeld ist. Daten der britischen Arbeitsschutzbehörde HSE zufolge fühlt sich jeder fünfte Arbeitnehmer am Arbeitsplatz stark oder äußerst gestresst – in Deutschland wären das rund 16 Millionen Menschen. Berufsbedingter Stress ist mittlerweile der häufigste Grund für längere Krankmeldungen. Das kostet die Briten geschätzte 3,7 Milliarden Pfund pro Jahr. In den USA berichtet die Bundesbehörde für Arbeitsmedizin (NIOSH), dass Firmen durch stressbedingte Erkrankungen pro Jahr 200 Milliarden Dollar einbüßen, davon entfallen 70 bis 90 Prozent auf Krankenhausaufenthalte der Arbeitnehmer.

Eine Studie zur Achtsamkeit der britischen Mental Health Foundation aus dem Jahr 2010 ergab unter anderem Folgendes:

- 81 % der Befragten stimmten zu, dass die schnelllebige Zeit und ihre vielen Verpflichtungen und Probleme die Hauptursachen für Stress, Unzufriedenheit und Krankheiten sind.

- 86 % stimmten zu, dass die Menschen zufriedener und gesünder wären, wenn sie wüssten, wie sie ihr Leben entschleunigen und mehr im Moment leben können.

- 53 % stimmten zu, dass sie es schwierig finden, sich zu entspannen, abzuschalten und aufzuhören, über Verpflichtungen und Sorgen nachzudenken.

Aber wie können wir lernen, abzuschalten? Wie können wir unser Leben entschleunigen und es vermeiden, im hektischen Alltag in der Arbeit und zu Hause unterzugehen? Wie können wir „im Moment leben" und gleichzeitig für die Zukunft unserer Familie sorgen? Eine Möglichkeit, das zu erreichen, ist das Praktizieren von Achtsamkeitsmeditation, mit deren Hilfe wir diese Fähigkeiten entwickeln können.

WAS IST ACHTSAMKEIT?

In den Medien hört und liest man oft von Achtsamkeit, aber nicht immer ist klar, was genau damit eigentlich gemeint ist. Allgemein definiert man Achtsamkeit als das bewusste und vorurteilsfreie Richten der Aufmerksamkeit auf das gegenwärtige Erleben.

Wesentliche Elemente sind dabei:

- **Absicht:** Wir sind gezielt und *absichtlich* aufmerksam.
- Eine **bestimmte Wahrnehmung:** *Wir bewerten unser Erleben nicht.* Es ist, wie es ist, und es gibt kein Richtig oder Falsch.
- Wir nehmen alles **Moment für Moment** wahr – und wir merken, wie sich unser Erleben ständig verändert. Zu unserem Erleben gehören **Gedanken, körperliche Empfindungen und Emotionen.**

Aufmerksam sein

Es ist wichtig, dass wir genau auf diese Weise aufmerksam sind, denn im Alltag verhalten wir uns oft wie Roboter. Wir handeln automatisch – schließen etwa die Haustür ab oder fahren zur Arbeit. Wenn uns jemand nach dem genauen Ablauf fragen würde, könnten wir ihn gar nicht wiedergeben. Zum Teil müssen wir so funktionieren, um möglichst viel in der gegebenen Zeit zu erledigen. Probleme zeigen sich jedoch, wenn wir den Großteil unseres Lebens als geistesabwesende Roboter verbringen und vieles nicht mehr bewusst wahrnehmen, was zudem die Beziehung zu unseren Mitmenschen beeinträchtigt. Vor lauter Multitasking bleibt keine Zeit zum Nachdenken. Oft verlieren wir uns in Was-wäre-wenn-Gedanken, die uns davon abhalten, anstehende Probleme zu lösen und etwas zu verändern. Eine solche Einstellung führt zu negativen Gefühlen, die uns noch stärker beeinträchtigen: Wir arbeiten noch mehr, leiden unter Ängsten oder Depressionen und greifen zu Drogen oder Alkohol – ein Teufelskreis.

Dieser Kreislauf wird oft nur durch ein einschneidendes Erlebnis unterbrochen, etwa durch eine Krankheit, einen Unfall, einen Todesfall oder eine Trennung. Erst dann werden wir wachgerüttelt und überdenken unser Leben. In der Arbeitswelt nennt man diese Art von Zusammenbruch manchmal „Burnout". Auf den Seiten 22–37 beschäftigen wir uns damit, wie Stress zu einem Burnout führen kann – und wie Achtsamkeit uns helfen kann, dem vorzubeugen.

Die Ursprünge der Achtsamkeit

Das Entwickeln von Achtsamkeit durch Meditation ist kein neues Konzept. Es hat seine Ursprünge in buddhistischen Praktiken, die mehr als 2500 Jahre alt sind.

Im Jahr 1979 begannen Dr. Jon Kabat-Zinn und seine Kollegen von der Abteilung für Stressreduktion der Universitätsklinik von Massachusetts mit dem Einsatz von Achtsamkeit für therapeutische Zwecke. Kabat-Zinn entwickelte das achtwöchige achtsamkeitsbasierte Programm für Stressreduktion („Mindfulness-Based Stress Reduction", MBSR), um Menschen im Umgang mit chronischen Erkrankungen zu helfen. Das MBSR-Programm nutzt formelle Meditationspraktiken (z. B. Sitzmeditation, Body-Scan und Bewegungsübungen) sowie formlose Praktiken und hilft den Teilnehmern, Eigenschaften wie Geduld, Akzeptanz und Gelassenheit zu stärken. Im Jahr 2001 entwickelten Mark Williams, John Teasdale und Zindel V. Segal die achtsamkeitsbasierte kognitive Therapie („Mindfulness-Based Cognitive Therapy", MBCT) – auf Grundlage von MBSR, aber speziell zur Behandlung von Depression. Das britische National Institute of Clinical Excellence (NICE) empfiehlt MBCT etwa zur Behandlung von Depression bei Personen, die bereits drei oder mehr depressive Schübe erlebt haben. Mittlerweile gibt es davon aber auch Varianten zur Behandlung anderer Erkrankungen, etwa Angst- und Essstörungen oder Suchterkrankungen.

Im Prinzip sind sich MBSR und MBCT sehr ähnlich. MBSR wird meist allgemein bei verschiedensten körperlichen und psychischen Beschwerden oder Stress eingesetzt, während MBCT bei speziellen Erkrankungen zum Einsatz kommt, etwa bei Depression oder Angststörungen. Die Grundlage beider Programme ist dabei der Fokus auf die bewusste und wertfreie Wahrnehmung des eigenen Erlebens im gegenwärtigen Moment.

Nutzen von Achtsamkeit

Die Beweise für den therapeutischen Nutzen von achtsamkeitsbasierten Therapien mehren sich und ständig werden weitere Anwendungsbereiche erforscht. Achtsamkeitsprogramme gibt es mittlerweile in Schulen und Gefängnissen, im Sport und im Gesundheitswesen. Gesundheitsdienstleister und Patienten praktizieren sie gleichermaßen. Darüber hinaus gibt es noch den Bereich der Achtsamkeit am Arbeitsplatz, mit dem sich dieses Buch beschäftigt.

Die Beweise für den Nutzen von Achtsamkeit am Arbeitsplatz sind überwältigend. Teilnehmer von MBSR-Kursen für Achtsamkeit am Arbeitsplatz sagen etwa aus, dass sie

- mehr Interesse an ihrer Arbeit haben,
- nach dem Kurs motivierter und weniger besorgt sind,
- weniger Beschwerden haben und sich weniger belastet fühlen
- und sich besser konzentrieren können.

(Achtsamkeitsbericht – Mental Health Foundation, 2010)

Studien zur Wirkung von Achtsamkeitstrainings am Arbeitsplatz zeigen einen Nutzen auf privater sowie beruflicher Ebene. In London nahmen Mitarbeiter des öffentlichen Nahverkehrsunternehmens TfL (Transport for London) an einem berufsbezogenen Achtsamkeitskurs teil und berichteten danach über verbesserte Beziehungen (80 %), mehr Entspannung (79 %), besseren Schlaf (64 %) und mehr Zufriedenheit am Arbeitsplatz (53 %). Die Wirkung hielt auch nach Ende des Kurses noch an: In den folgenden drei Jahren verringerten sich Krankmeldungen aufgrund von Stress, Angstzuständen und Depression um 71 %.

„Die Teilnehmer lernen, dass sie ihre Reaktionen beeinflussen können, auch wenn sie auf die Situation selbst – zum Beispiel darauf, was ein Kunde zu ihnen sagt – keinen Einfluss haben."

Emerald-Jane Turner, Entwicklerin des TfL-Kurses
(Achtsamkeitsbericht – Mental Health Foundation, 2010)

In den USA nahm eine Einheit von US-Marines an einem speziellen Achtsamkeitsprogramm teil, das ihnen beim Umgang mit Stress im Dienst helfen sollte. Dabei zeigte sich ein Zusammenhang zwischen Übungszeit und gesteigerter Achtsamkeit, was wiederum auf eine Reduktion des empfundenen Stresses zurückgeführt wurde. Die Soldaten sagten aus, dass sie sich besser konzentrieren und mit schwierigen Situationen und Gefühlen besser umgehen konnten und dass sie an ihren Bewältigungsstrategien arbeiteten. Auch ihr Familienleben hatte sich verbessert. Vorgesetzte bemerkten, dass sie eigene und die Gefühle anderer besser erkennen konnten, was sie empfänglicher für Feedback machte. Sie vermeldeten zudem ein besseres Verständnis ihrer Stärken und Schwächen und konnten frühe Warnzeichen von Stress leichter erkennen. In der Gruppe bemerkten sie eine bessere Kommunikation und einen stärkeren Zusammenhalt. Außerdem hatten sie den Eindruck, chaotische Situationen besser im Griff zu haben.

Und auch viele der Verbesserungen, die aus allgemeinen (also nicht speziell auf die Arbeit bezogenen) Achtsamkeitsgruppen berichtet werden, sind für den Arbeitsplatz relevant.

Meditation verändert das Gehirn

Achtsamkeitsmeditation kann auch zu physiologischen Veränderungen führen. Neurowissenschaftler haben herausgefunden, dass sich durch Achtsamkeitsmeditation die Gehirnaktivität von der rechten in die linke Gehirnhälfte verlagert – also in jene Gehirnhälfte, die mit positivem Denken und dem Umgang mit belastenden Gefühlen assoziiert wird. Auch in den Gehirnregionen für Entscheidungsfindung, Aufmerksamkeit und bewusste Wahrnehmung wurden bei Meditierenden Veränderungen registriert. Regelmäßige Meditation kann zudem die Gehirnregionen, die für die Emotionsregulation zuständig sind, vergrößern, das Immunsystem stärken und den Blutdruck senken.

Es gibt auch einen nachgewiesenen Zusammenhang zwischen Achtsamkeit und emotionaler Intelligenz. Emotionale Intelligenz wird mit guten sozialen Fähigkeiten und der Fähigkeit zum Teamwork und zum Blick auf das große Ganze assoziiert. Die erfolgreichsten Führungskräfte verfügen über eine ausgeprägte emotionale Intelligenz.

Derartige Untersuchungen werden für gewöhnlich mit Teilnehmern durchgeführt, die einen sechs- bis achtwöchigen Achtsamkeitskurs belegen. Dort praktizieren sie täglich formelle Meditationspraktiken wie Sitzmeditation, Body-Scan und achtsame Bewegungsübungen sowie formlose Übungen, mit deren Hilfe sie lernen, Achtsamkeit im Alltag zu praktizieren.

SUBJEKTIVE VERBESSERUNGEN

- verbesserte Konzentrationsfähigkeit
- positivere Beziehungen
- verbesserte persönliche Effizienz und Produktivität
- besserer Umgang mit Stress
- besseres Zuhörvermögen
- kreativeres Denken und Reagieren
- gesünderes Verhältnis zwischen Beruf und Privatleben
- bessere Führung von Mitarbeitern
- überlegtere und bewusstere Entscheidungsfindung
- verbessertes körperliches und psychisches Wohlbefinden
- bessere Wahrnehmung von sozialen Dynamiken
- es fällt leichter, die eigenen Interessen zurückzustellen
- verbessertes Einfühlungsvermögen
- verbesserte Gedächtnisleistung (auch in einem stressigen Umfeld)
- leichteres Loslassen von Vorurteilen
- breiterer Blickwinkel
- verbesserte emotionale Stabilität
- weniger Wut
- positivere Sichtweise
- besserer Umgang mit negativen Gefühlen
- weniger Ängste
- verminderte Depressionen
- verstärkte Tatkraft
- mehr Interesse an der Arbeit

ACHTSAMKEIT UND STRESS

Selbst wenn wir Achtsamkeit praktizieren, empfinden wir nach wie vor Stress. **Stress ist ein natürliches und wichtiges Warnsignal des Körpers.** Es sagt uns: „Schluss jetzt! Du gefährdest dich." Im Leben wird es immer wieder Situationen und Ereignisse geben, die uns überfordern. Das betrifft alle Menschen und es bedeutet nicht, dass Sie oder die Achtsamkeit versagt haben. Das Leben ist turbulent und oft eine Gratwanderung – es ist wichtig, sich das bewusst zu machen. Als ich begann, Achtsamkeit zu praktizieren, und eine längere Stressphase erlebte, nahm ich die körperlichen und psychischen Auswirkungen bewusst wahr.

Das Leben ist stressig. Besonders am Arbeitsplatz, wo wir auf vieles gar keinen Einfluss haben. Es wird immer wieder schwierige Zeiten geben. Wir lernen nie aus, wir üben und entwickeln uns weiter – das ist ganz normal. Stellen Sie sich einen Ball vor, der einen Hügel hinabrollt und immer schneller wird. Achtsamkeit ist wie eine Hand, die den Ball kurz anhält. Der Ball wird zwar weiterrollen, aber er rollt nun langsamer. **Achtsamkeit bietet uns solche Momente des Innehaltens, bevor eine Situation eskaliert.** Diese Momente sind Gelegenheiten für kleine Veränderungen, die langfristig eine große Wirkung haben können.

Berufsbedingter Stress

Chronischer Stress schleicht sich heimlich in unser Leben. Vielleicht ist ein Kollege krank geworden oder es mangelt generell an Mitarbeitern und Sie müssen einspringen. Vielleicht gab es eine Veränderung im Management oder der Unternehmenskultur, sodass sich die Erwartungen an Sie verändert haben. Vielleicht beschert Ihnen eine Beförderung neue Verantwortung und Pflichten. Es spielt keine Rolle, was die Ursachen sind – aber es kommt zu einer Veränderung, die Sie beeinflusst.

Chronischer Stress: Meine persönliche Geschichte

Mehr Druck kann zu mehr Leistung führen – aber nur bis zu einem gewissen Punkt. Wird der Druck zu groß, können wir nicht mehr damit umgehen, unsere Leistungsfähigkeit sinkt und wir fühlen uns zunehmend gestresst. Vielleicht werden wir sogar krank. Diesen Punkt gibt es für jeden von uns.

Selbst bei einem Papierstau im Drucker sah ich oft gleich rot. Ich merkte, wie schnell sich die negative Stimmung unter den Kollegen weiterverbreitete.

Auch ich habe ihn erreicht. Als ich in der Arbeit immer mehr Aufgaben übernehmen sollte, merkte ich, wie sich mit der Zeit meine Persönlichkeit veränderte. Ich war gereizt und hatte nur noch wenig Verständnis für andere, besonders wenn sie mich von meinen Aufgaben abhielten. Wenn ich meinen Freunden oder meiner Familie von der Arbeit erzählte, merkte ich, wie sich die dabei entstehenden negativen Gefühle direkt auf meinen Körper auswirkten. Ich spürte die wachsende Anspannung, vor allem im Nacken- und Schulterbereich. Meine Stimme bekam einen bestimmten Tonfall und ich atmete schneller. Ich merkte auch, wie ich nur bestimmte Ereignisse erzählte – und zwar nur solche, die meine einseitige Sicht der Gesamtsituation bestätigten. Ich merkte, wie ich immer pessimistischer wurde. Ich wurde vergesslich und konnte mich kaum noch konzentrieren. Ich war nicht mehr so fokussiert wie früher, sprang hektisch von Aufgabe zu Aufgabe und fühlte mich überfordert. Manchmal verfiel ich aber auch in eine regelrechte Starre und wusste vor lauter Arbeit nicht mehr, wo ich anfangen sollte. Ich war oft den Tränen nahe – für mich ganz untypisch – und bekam sogar Panikattacken. Ich verlor den Überblick. Meine Wahrnehmung der Ereignisse in der Arbeit war nur noch von Schwarz-Weiß-Denken geprägt.

Ich merkte, wie sich meine innere Unruhe auch auf mein Privatleben auswirkte. Mein einst guter Schlaf wurde gestört, da ich nachts mit Gedanken an die Arbeit aufwachte. Ich verstieß gegen meine eigenen Regeln und begann, auch am Abend und an den Wochenenden meine Arbeits-E-Mails zu checken. So dachte ich auch in diesen Zeiten an die Arbeit, anstatt mental Abstand zu nehmen. Ich ging immer früher in die Arbeit, um alles erledigen zu können, und hatte keine Zeit mehr für Yoga oder anderen Sport. Ich ging nicht mehr zu Fuß zur Arbeit, sondern nahm den Bus, nur um eine Viertelstunde früher dort sein zu können. Am Ende jedes Arbeitstages und jeder Arbeitswoche war ich zu erschöpft, um mich den Aktivitäten zu widmen, die mich normalerweise wieder aufbauten – also saß ich nur vor dem Fernseher.

Als der extreme Stress wieder ein bisschen nachließ, bemerkte ich, dass die neuen Gewohnheiten zum Alltag geworden waren. Mir wurde bewusst, wie sehr ich eigentlich zu meinem eigenen Stress beitrug.

Mein Erlebnis war ein klassischer Fall von **chronischem Stress – der wiederholten Aktivierung der körperlichen Stressreaktion.** Die Stressreaktion läuft normalerweise automatisch und unbewusst ab, wodurch wir sie oft nicht bemerken. Es kann aber hilfreich sein, zu wissen, was genau im Körper geschieht, wenn die Stressreaktion aktiviert wird, und was sie aufrechterhält. Denn dann können wir etwas verändern, um diesen Kreislauf zu durchbrechen.

WAS IST STRESS?

Wir dürfen nicht vergessen, dass die natürliche Stressreaktion unseres Körpers überlebenswichtig ist. Diese Funktion hat ihren Ursprung im primitivsten Teil des Gehirns und dank ihr überlebt die Gattung Homo sapiens schon seit vielen Jahrtausenden. Stress ist die unmittelbare und effiziente Antwort des Körpers auf eine Bedrohung. Er warnt uns und lässt uns schnell reagieren. Es ist bekannt, dass Menschen in Notsituationen scheinbar übermenschliche Kräfte entwickeln, um sich oder andere zu retten. Das geschieht, weil der Körper unglaublich wirkungsvoll auf Bedrohungen reagiert. Ohne die Stressreaktion würden wir in solchen Situationen sterben.

Die Stressreaktion ist aber nicht nur in Notsituationen nützlich. Auch wenn wir nervös sind, sendet uns unser Körper ganz bestimmte Signale und warnt uns, dass etwas Ungewöhnliches geschieht. Wir werden wachgerüttelt und in den gegenwärtigen Moment geholt. Das Adrenalin, das vor einer Präsentation, einem wichtigen Meeting oder einer wichtigen Entscheidung ausgeschüttet wird, verleiht uns mehr Scharfsinn. Unsere Wahrnehmung ist gesteigert, wir sind geistig hellwach und können angemessen reagieren. Viele empfinden diesen Scharfsinn als positiv.

Probleme entstehen erst, wenn die Stressreaktion des Körpers überstrapaziert wird und der Körper gewisse Ereignisse, Gedanken und Gefühle so wahrnimmt, als wären sie eine Bedrohung für das Leben – was sie nicht sind. Es geht also um die **Wahrnehmung.**

Wie wir die Welt um uns herum sehen, deuten und bewerten, ist ein wesentlicher Faktor und bei jedem Menschen anders. **Wenn wir verändern, wie wir das Geschehen wahrnehmen, verändern wir auch unser Erleben dieses Geschehens.** Achtsamkeitsmeditation ist eine besonders wirksame Methode, um unser Erleben anders wahrzunehmen – nämlich so, dass es der Körper nicht mehr als Bedrohung empfindet.

Die Stressreaktion

Der Körper achtet ständig darauf, ob eine externe oder interne Bedrohung wahrgenommen wird. Unsere Sinne, die ständig externe Informationen verarbeiten, können einen Alarm auslösen. Der Alarm kann aber auch durch eine interne Bedrohung ausgelöst werden, etwa durch einen Gedanken, ein Gefühl oder Schmerz. Egal, was der Auslöser ist, der Alarm aktiviert eine sofortige Reaktion in bestimmten Bereichen des Gehirns, unter anderem in der Amygdala, und eine Kettenreaktion wird in Gang gesetzt (siehe rechts). Wenn wir einer externen Bedrohung ausgesetzt sind, verbessern diese körperlichen Abläufe unsere Überlebenschancen. Und wenn wir auf eine Gefahr dann tatsächlich mit Kampf oder Flucht reagieren, werden die Stresshormone, die für diese körperlichen Abläufe verantwortlich sind, wieder abgebaut und der Körper kehrt in sein Gleichgewicht (Homöostase) zurück. So sollte es normalerweise sein.

Während der Körper auf die Bedrohung reagiert, sammelt das Gehirn über die Sinne weiterhin Informationen von außerhalb des Körpers, greift aber auch auf die höheren Gehirnzentren zu – auf Gedanken, Erfahrungen, Erinnerungen, Wissen usw. –, um den Grad der Bedrohung einzuschätzen und zu ermitteln, ob der Alarmzustand anhalten muss oder aufhören kann. **Probleme entstehen, wenn der Alarmzustand des Körpers ständig für empfundene Bedrohungen aktiviert wird, obwohl keine wirkliche Gefahr besteht.** Der Auslöser kann zum Beispiel ein Streit mit einem Kollegen oder Kunden, ein Papierstau im Drucker, ein vorverlegter Abgabetermin oder das Zuspätkommen zu einem Meeting sein. **Je häufiger die Stressreaktion aktiviert wird, desto sensibler wird sie.** Der Körper befindet sich in einem Zustand ständiger Aufregung. Die wiederholte Aktivierung erzeugt chronischen Stress. Die Stresshormone werden nicht länger auf normalem Wege abgebaut und schädigen den Körper auf allen Ebenen.

DAS PASSIERT IM KÖRPER BEI STRESS:

★ Hormone, zum Beispiel Glucocorticoide und Cortisol, werden ausgeschüttet und rufen eine Vielzahl von unterschiedlichen Stressreaktionen hervor.

★ Chemische Botenstoffe wie Dopamin, Norepinephrin oder Epinephrin (auch bekannt als Adrenalin) werden ausgeschüttet. Diese Neurotransmitter unterdrücken die Aktivität im vorderen Bereich des Gehirns und beeinträchtigen so das Kurzzeitgedächtnis, die Konzentration, die Inhibition (die Hemmung) und das rationale Denken. Sie stören außerdem unsere Fähigkeit, mit komplexen sozialen oder intellektuellen Aufgaben und Verhaltensweisen umzugehen. Diese Botenstoffe sind dazu da, den Körper auf Kampf oder Flucht vorzubereiten – und die körperlichen Auswirkungen spüren wir sofort.

★ Das Herz schlägt schneller. Die Geschwindigkeit des Blutflusses steigt um 300 bis 400 Prozent, damit sich das Blut rascher im Körper verteilt. Besonders die Arme und Beine müssen gut versorgt sein – damit man kämpfen oder fliehen kann.

★ Die Haut wird kühl und klamm – sie wird schwächer durchblutet, damit mehr Blut für Herz und Muskeln zur Verfügung steht. Im Falle einer Verletzung wird so auch der Blutverlust verringert.

★ Die Pupillen weiten sich, damit man besser sehen kann.

★ Die Körperhaare stellen sich auf, um Vibrationen und/oder Gefahren spüren zu können.

★ Der Mund wird trocken, da Flüssigkeit in wichtigere Bereiche umgeleitet wird. Der Hals kann sich verkrampfen.

★ Körperfunktionen, die nicht lebenswichtig sind, werden eingestellt. Der Körper konzentriert sich ganz auf das Überleben. Ein flaues Gefühl im Magen sagt uns, dass die Verdauungsfunktionen reduziert werden. Oft verspürt man dann den Drang, auf die Toilette zu gehen: Der Körper wirft unnötigen Ballast ab, um leichter fliehen zu können. Die Fortpflanzungsorgane stellen ihren Betrieb ein, da der Erhalt der Art angesichts der Bedrohung nebensächlich ist.

Jedes Mal, wenn wir uns gestresst fühlen, passiert all das in unserem Körper – und das oft mehrmals am Tag.

CHRONISCHER STRESS

Durch die wiederholte Aktivierung der Stressreaktion befindet sich der Körper ständig im Stresszustand. Der gesteigerte Blutdruck erhöht das Risiko von Herz-Kreislauf-Erkrankungen, die Stresshormone beeinträchtigen die Insulinaktivität und steigern so das Diabetesrisiko und das Immunsystem wird gestört, sodass wir anfälliger für Infekte sind. Chronischer Stress bedeutet ständiger Stress, das heißt, dass Stresshormone nicht mehr abgebaut werden, sondern im Körper verbleiben und dort Unheil anrichten:

- Die Ausschüttung von Cortisol ist auf Dauer äußerst schädlich. Cortisol macht die Amygdala hyperaktiv. Ängste und negatives Denken werden gefördert und erzeugen weiteren Stress. Die höheren Gehirnzentren, die für die Abschaltung der Stressreaktion sorgen, werden gestört, sodass die Entspannungsreaktion (Seite 30) ausbleibt.

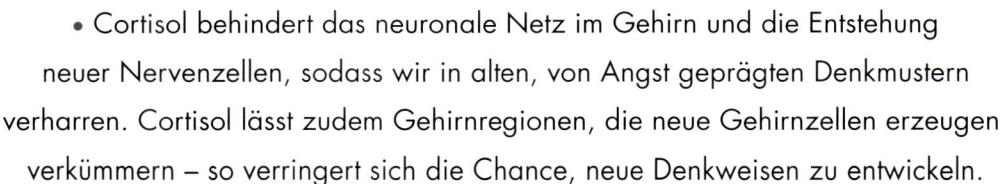

- Cortisol behindert das neuronale Netz im Gehirn und die Entstehung neuer Nervenzellen, sodass wir in alten, von Angst geprägten Denkmustern verharren. Cortisol lässt zudem Gehirnregionen, die neue Gehirnzellen erzeugen, verkümmern – so verringert sich die Chance, neue Denkweisen zu entwickeln.

- Die Funktionen des präfrontalen Cortex sind beeinträchtigt – unter anderem das Gedächtnis, die Entscheidungsfähigkeit, Denkprozesse und die Konzentration.

- Die Fehlregulation von Serotonin verursacht oder verschlimmert Depressionen.

- Die Langzeitfunktionen des Körpers, wie Verdauung und Fruchtbarkeit, werden wiederholt gestört, was die normalen Abläufe behindert.

- Stimmungsschwankungen und Ängste bis hin zu Panikzuständen häufen sich.

Zu den Langzeitauswirkungen von chronischem Stress zählen Erschöpfung, mangelnde Energie und Motivation, Schlafstörungen, Autoimmunerkrankungen, Unfruchtbarkeit und Verdauungsstörungen. Als Reaktion auf diese Beschwerden greifen wir oft auf Bewältigungsstrategien zurück. Da wir nicht mehr so leistungsfähig sind, arbeiten wir jetzt noch mehr und noch länger oder lenken uns mit Arbeit ab. Vielleicht arbeiten wir zu Hause weiter oder bleiben rund um die Uhr per Handy erreichbar. Vielleicht trinken wir aber auch mehr Alkohol und nehmen Medikamente oder Drogen. Oder wir verzichten aufs Essen, essen zu viel oder ungesund, da wir keine Zeit zum Einkaufen und Kochen haben. Solche Strategien können kurzfristig funktionieren und gerade junge, gesunde Menschen bemerken die Konsequenzen von chronischem Stress lange nicht. **Aber irgendwann holt der Stress jeden ein.**

Chronischer Stress ist ein Teufelskreis. Er verstärkt negative Muster und schwächt positive. Dann schmeißen wir unseren Abendkurs oder die Chorprobe hin, gehen nicht mehr spazieren oder ins Fitnessstudio und haben kaum noch Zeit für unsere Freunde, weil wir ständig müde sind. Während wir verzweifelt versuchen, alles Wichtige zu erledigen und „unnötige" Aktivitäten einzuschränken, wird unser Leben immer einseitiger und der Fokus liegt immer stärker auf der Arbeit. Alles fühlt sich sinnlos an, aber wir wissen nicht, wie wir unser Leben verbessern können. Wir sind frustriert und unzufrieden.

Wenn unsere Arbeit (die Arbeitszeit selbst, aber auch die Gedanken daran) den größten Teil unserer Zeit beansprucht und dann etwas schiefgeht, kann es sich anfühlen, als ob unser ganzes Leben zerbricht, da wir abseits der Arbeit kaum noch ein Privatleben als Ausgleich haben. Unsere Identität ist völlig mit unserer Rolle in der Arbeit verknüpft. Und wenn diese Rolle bedroht wird, werden wir in unseren Grundfesten erschüttert. Was können wir aber tun, damit das nicht geschieht? Unser Körper besitzt nicht nur eine eingebaute Stressreaktion, sondern auch die dazugehörige Entspannungsreaktion, die ebenso automatisch und unbewusst abläuft. Die Entspannungsreaktion kann jedoch auch bewusst aktiviert werden – und eine regelmäßige Achtsamkeitspraxis hilft uns dabei.

ENTSPANNUNGSREAKTION

Die Forschung hat gezeigt, dass das Gehirn viel formbarer ist als bisher angenommen. Das heißt, dass wir unser Denken und Handeln verändern und so unser Verhalten beeinflussen können.

Neben dem altbekannten kognitiven Gedächtnis gibt es auch ein Körpergedächtnis. Der Körper speichert die Reaktion auf einen bestimmten Gedanken oder Vorfall und aktiviert die gleiche Reaktion automatisch, wenn der Auslöser wieder auftaucht. Wenn der Körper etwas als Bedrohung empfindet, aktiviert er die Stressreaktion oft noch lange, nachdem der ursprüngliche Auslöser registriert wurde. Das Gute ist, dass wir uns auf eine Situation auch eine andere Reaktion antrainieren und neue Körpererinnerungen erzeugen können. Dabei hilft uns Achtsamkeit, wir brauchen dafür jedoch auch Zeit, Geduld und viel Verständnis für uns selbst.

Die Achtsamkeitspraxis ist eine Möglichkeit, die Entspannungsreaktion – den im Körper eingebauten Ausschaltknopf des Stresskreislaufs – zu aktivieren. Die Stressreaktion läuft automatisch und unbewusst ab. Lenken wir unsere Aufmerksamkeit auf das, was im Körper geschieht, sorgt dies bereits für eine Veränderung. Betrachten wir unser Erleben mit Verständnis und Neugier, nehmen wir sofort eine andere Geisteshaltung ein: Wir beobachten die Reaktion, anstatt uns in sie hineinzusteigern. Die emotionale Aufregung wird unverzüglich gedämpft. Der Moment der bewussten Wahrnehmung verhindert, dass wir unbewusst reagieren. Er gibt uns die Möglichkeit, willentlich zu reagieren. Das Stressgefühl geht oft mit einem Gefühl von Hilflosigkeit einher, aber wenn wir eine Wahl haben, sind wir wieder Herr der Lage. Wir bestimmen, wie wir reagieren. Allein das verringert bereits das Stressgefühl. Wenn wir achtsam reagieren, nutzt das aber nicht nur uns selbst, das veränderte Verhalten verhindert zudem auch eine negative Kettenreaktion im Umgang mit anderen.

Indem wir üben, Gedanken loszulassen und immer wieder zu einem Fixpunkt zurückzukehren (etwa der Atmung, Seite 102), stärken wir die positiven Nervenbahnen und schaffen ein Körpergedächtnis für den Umgang mit negativen Gedanken. Wenn wir nun stressbedingte Angstgedanken bewusst wahrnehmen, konzentrieren wir uns automatisch auf die Atmung. Wir lassen die Gedanken ziehen und bringen uns wieder und wieder ins Hier und Jetzt zurück, sodass wir uns nicht in ihnen verlieren. Die Angstgedanken, die den Stresskreislauf aufrechterhalten, werden dadurch immer seltener. Während diesem bewussten Innehalten können die höheren Gehirnregionen die empfundene Bedrohung in einen neuen Zusammenhang rücken, neue Informationen von den Sinnesorganen, Erinnerungen und Erfahrungen verarbeiten und das Alarmsignal daraufhin abschalten.

GELASSENHEIT DANK ACHTSAMKEIT

Für Stressbewältigung ist es nie zu spät. Viel einfacher ist es jedoch, in stressfreien Phasen an unserer Stressresistenz zu arbeiten. Wenn wir uns gut fühlen, eignen wir uns neue Fähigkeiten und positive Gewohnheiten leichter an. Diese Fähigkeiten helfen uns dann dabei, Alarmsignale des Körpers früher zu erkennen und mit auftretendem Stress besser umzugehen. Oder wie Jon Kabat-Zinn oft sagt: Man soll den Fallschirm weben, bevor man ihn braucht.

Stress wird oft durch ein Gefühl der Hilflosigkeit hervorgerufen. Durch die Achtsamkeitspraxis lernen wir, dass sich unser Erleben ständig verändert. Achtsamkeit hilft uns dabei, uns an Veränderungen zu gewöhnen und zu akzeptieren, dass wir nicht immer alles beeinflussen können. Wenn wir lernen, Veränderungen zu akzeptieren, können wir auch besser mit Stress umgehen.

Aus Erfahrung lernen

Durch das regelmäßige Praktizieren von Achtsamkeit werden uns unsere gewohnten Gedanken und Verhaltensweisen bewusst. Wir machen uns mit unserer Atmung vertraut und merken, wie sie sich bei Stress verändert. Wir achten auf unseren Körper und die Signale, die er uns sendet. Uns fällt auf, dass unsere Wut in Wirklichkeit Angst ist, und wir lernen, zu erkennen, wie sich Angst im Körper wirklich anfühlt. Und was wir kennen, empfinden wir dann nicht länger als Bedrohung.

Eine regelmäßige Achtsamkeitspraxis hilft uns auch, die Gesamtsituation differenzierter wahrzunehmen – und zu erkennen, wie unsere Vorurteile und gewohnten Denkmuster, mit denen wir Situationen bewerten, unsere Ängste verstärken können. In unserer Praxis machen wir uns mit den Tiefs vertraut, in die wir aufgrund unseres negativen Denkens regelmäßig fallen. Dadurch lernen wir, unseren eigenen Beitrag zur Situation zu erkennen.

Achtsamkeit macht uns also besser vertraut mit unserem Erleben, ganz gleich, ob wir es als negativ, positiv oder neutral empfinden. Mithilfe von Achtsamkeit können wir uns ein eigenes Frühwarnsystem schaffen und bemerken subtile Anzeichen für Stress viel früher. Es registriert bestimmte Gedankennuancen (Seite 52), körperliche Anzeichen innerer Unruhe oder Veränderungen in unserem Ess- oder Schlafverhalten und signalisiert uns, dass wir konstruktiv eingreifen müssen.

Dabei darf man nicht vergessen, dass uns Achtsamkeit nicht davon abhält, zu empfinden. Meiner persönlichen Erfahrung sowie den Ergebnissen der Forschung zufolge spüren Meditierende durchaus noch negative Gefühle und Stress – meist sogar noch intensiver als Menschen, die nicht meditieren. Aber sie erholen sich schneller von solchen Gefühlen. Und da sie belastende Gedanken und Gefühle loslassen können, verstricken sie sich nicht in Grübeleien.

SO AKTIVIEREN SIE DIE ENTSPANNUNGSREAKTION

Der Körper aktiviert die Entspannungsreaktion automatisch. Während er (bzw. das Gehirn) die Bedrohung einschätzt, sammeln die Sinne und die höheren Gehirnzentren Informationen, um zu bestimmen, ob die Stressreaktion abgeschaltet werden kann.

Die Entspannungsreaktion kann jedoch auch bewusst aktiviert werden. Dazu müssen wir uns zuallererst **bewusst machen, was tatsächlich geschieht.** Das heißt, wir müssen unser Erleben genau wahrnehmen – die auftauchenden Gedanken, Gefühle und körperlichen Empfindungen (auch wenn wir sie nicht mögen, nicht wollen oder uns für sie schämen). Dieses Bewusstmachen ist ein wesentlicher Schritt, der nicht unterschätzt oder ausgelassen werden darf. Es ist der erste Schritt auf dem Weg zur Akzeptanz unseres Erlebens, was Veränderungen durch Achtsamkeit erst möglich macht. Und den Körper bewusst wahrzunehmen, etwa Verspannung in den Schultern oder im Kiefer zu spüren, kann bereits zur sofortigen Entspannung führen.

Das neugierige Wahrnehmen des eigenen Erlebens (vor allem der körperlichen Symptome) unterbricht das andauernde Grübeln. Das Gehirn kann sich nicht gleichzeitig auf gegenwärtige Abläufe und auf Vergangenes oder Zukünftiges konzentrieren. Das bewusste Wahrnehmen des Körpers richtet die Aufmerksamkeit auf den gegenwärtigen Moment und verschafft den höheren Gehirnzentren eine Auszeit, sodass sie ihre Funktion wieder aufnehmen und das Geschehen wertfrei deuten und relativieren können.

Auch **die Atmung oder die Übung „Füße auf dem Boden" können Sie im gegenwärtigen Moment verankern** (Seiten 47, 54 und 78) und die Entspannungsreaktion auslösen.

Wird die Entspannungsreaktion aktiviert, reagiert der Körper dementsprechend – die Bedrohung ist vorbei und er muss nicht mehr auf Kampf oder Flucht vorbereitet sein.

- Der Puls beruhigt sich.
- Der Blutdruck sinkt.
- Die Atemfrequenz verlangsamt und normalisiert sich.
- Die Muskeln entspannen sich, da die Anspannung nachlässt.

Je öfter wir die Entspannungsreaktion bewusst aktivieren, desto vertrauter wird sie dem Körper. Der Körper lernt und wird sich in Zukunft daran erinnern, dass er in ähnlichen Situationen genauso reagieren soll. Das ist wichtig, denn das bedeutet auch: **Je öfter wir Achtsamkeit praktizieren, desto häufiger erschaffen und speichern wir neue Muster** – und zwar basierend auf positiven Verhaltensweisen anstatt auf den negativen Verhaltensweisen, die chronischer Stress erzeugt.

WIDERSTANDSKRAFT ENTWICKELN

Die Forschung hat gezeigt, dass das regelmäßige Praktizieren von Achtsamkeit – auch wenn wir gerade nicht unter Stress stehen – die emotionale Widerstandsfähigkeit verbessert. Diese sogenannte Resilienz leistet uns in Stressphasen gute Dienste. Wenn wir gestresst sind, fühlen wir uns oft auch hilflos oder den Umständen ausgeliefert. Achtsamkeit schenkt uns eine Wahl – und wer die Wahl hat, hat auch Möglichkeiten. Ein Mensch mit starker Widerstandskraft

- betrachtet das Leben als Herausforderung,
- versucht aktiv, sein Leben zu steuern und in sinnvolle Bahnen zu lenken,
- und ist innerlich fest davon überzeugt, mit allen Herausforderungen des Lebens fertig werden zu können.

Die bewusste Wahrnehmung fördern

Die Wahrnehmung, die wir durch Achtsamkeit entwickeln, zeigt uns die Verbindungen zwischen unserem Umfeld, unserer Lebensweise und unserem Erleben. Wir essen etwas Süßes und nehmen den unmittelbaren Energieschub wahr, spüren in ein paar Stunden aber auch das Stimmungstief. Wir bemerken, wie eine „Läster- und Jammerrunde" in der Büroküche negative Gedanken in uns erzeugt. Wir nehmen wahr, wie sich unser Kind von uns zurückzieht, wenn wir nur so tun, als hörten wir zu, während wir nebenbei unsere Arbeits-E-Mails checken. Wir erkennen das große Ganze und können **unser Erleben relativieren.** Wir gestehen uns unsere Vor- und Werturteile ein, ohne uns dafür zu verachten. Und wir bemerken die kleinen Details, die uns bei unseren Kollegen, ihrem Verhalten und ihrer Körpersprache auffallen. Dieses zusätzliche Wissen liefert uns Feedback und beeinflusst unseren Umgang mit ihnen.

Wir werden uns unserer angewohnten Denk- und Verhaltensmuster bewusst und nehmen unser Erleben differenzierter wahr. Das hilft uns, klüger zu handeln.

Achtsamkeit verbessert unseren Umgang mit Stresssituationen und sorgt dafür, dass sich akuter Stress nicht zu chronischem Stress mit all seinen negativen Auswirkungen auf unsere Gesundheit und Leistungsfähigkeit entwickelt. Sie kann uns auch widerstandsfähiger machen, sodass wir Herausforderungen leichter bewältigen. Achtsamkeit hilft uns auch dabei, verständnisvoller mit anderen Menschen umzugehen: Wir entwickeln Mitgefühl und Empathie und können uns in Beziehungen besser anpassen. Achtsamkeit verändert das Gehirn; vor allem die sogenannten exekutiven Funktionen, wodurch sich Aufmerksamkeit und Konzentrationsfähigkeit verbessern und wir positiver denken.

Achtsamkeit bedeutet, dass man sich Problemen stellt, anstatt sie zu verdrängen – was nachweislich das kreative Denken verbessert. Achtsamkeit fördert zudem Akzeptanz: Wir akzeptieren uns und andere. Das befreit uns von Perfektionismus und vom Zwang, dass alles auf eine bestimmte Art und Weise geschehen muss. Achtsamkeit lässt uns erkennen, wie viel Schönes es in unserem Leben gibt. So nehmen wir auch in schwierigen Situationen die Leichtigkeit und den Reichtum um uns herum wahr, der uns bereichern kann, wenn wir es nur zulassen.

All diese und weitere positive Aspekte beeinflussen nicht nur uns als Individuen am Arbeitsplatz, sondern auch unsere Leistung und unseren Umgang mit Kollegen und Kunden.

WIDERSTANDSKRAFT ENTWICKELN

FRAGEN UND VORURTEILE

Viele Menschen haben Vorurteile gegenüber dem Meditieren oder sind mit dem Thema vielleicht nicht so vertraut. Daher finden Sie hier Antworten auf häufig auftauchende Fragen.

Wie ist es möglich, dass Achtsamkeit bei so vielen körperlichen und psychischen Beschwerden helfen kann?
Achtsamkeit ist kein schnelles Allheilmittel, das Wunder wirkt. Wissenschaftliche Daten belegen aber, dass sie bei vielen verschiedenen körperlichen und psychischen Beschwerden hilfreich sein kann. Sie bringt nicht nur einen erwiesenen körperlichen Nutzen (Seite 21), sondern verändert auch unsere Sichtweise auf unser Erleben, was wiederum Symptome mindern kann. Das Praktizieren von Achtsamkeitsmeditation erfordert jedoch auch ein gewisses Engagement und die Bereitschaft, sich allem zu stellen – und das kann schwierig sein.

Ich kann meine Gedanken nicht abstellen. Mein Gehirn ist zu beschäftigt, um zu meditieren.
Beim Meditieren geht es nicht darum, nicht zu denken. Stattdessen beobachten wir unsere Gedanken und nehmen Muster wahr. Diese Muster, die unser Handeln und unsere Entscheidungen beeinflussen, sind uns normalerweise nicht bewusst. Aber wenn wir unsere Aufmerksamkeit auf sie richten, können wir nutzlose Muster verwerfen und hilfreiche verstärken. Wenn wir mit unseren persönlichen Mustern und Werturteilen vertraut werden, können wir sie in unserem Umgang mit anderen Menschen berücksichtigen.

Steht Achtsamkeit im Widerspruch zu Religion?
Die Achtsamkeitsmeditation ist eine rein weltliche Praktik. Ihr Ursprung liegt zwar im Buddhismus, aber das Praktizieren von Achtsamkeitsmeditation steht in keinem Widerspruch zu einer bestehenden religiösen Praxis und sollte Sie nicht vom Ausüben Ihrer Religion abhalten. Umgekehrt kann man Achtsamkeit auch dann praktizieren, wenn man nicht religiös ist.

Kann mir Achtsamkeit helfen, mich zu entspannen?

Wir meditieren nicht, um zu entspannen oder einen bestimmten Geisteszustand zu erreichen. Es kann zwar sein, dass uns das Meditieren entspannter macht, wenn wir aber von Anfang an die Absicht verfolgen, mithilfe der Meditation zu entspannen, wird es wahrscheinlich nicht funktionieren – und wir sind enttäuscht. Beim Meditieren öffnen wir uns dem, was gerade geschieht. Bei der formellen Praxis kommen früher oder später alle Geisteszustände und Emotionen zum Vorschein. Dadurch bekommen wir die Gelegenheit, negative Gefühle in einer sicheren Umgebung zuzulassen. So können wir Fähigkeiten entwickeln, die wir dann im Alltag bei solchen Gefühlen einsetzen können. Wir erkennen, wie sehr unsere Gedanken und unser Umgang mit ihnen zu unserer Unzufriedenheit beitragen. Und wir erlernen neue Methoden, um damit umzugehen. Das macht uns entspannter und weniger gestresst.

Ist Achtsamkeit nur ein anderes Wort für positives Denken?

Achtsamkeit ist nicht das Gleiche wie positives Denken. Wir versuchen nicht, uns einzureden, dass alles auf der Welt schön ist. Ganz im Gegenteil: Es geht darum, sich allen Erfahrungen zu öffnen, den positiven, den negativen und den neutralen. Jede Erfahrung verdient unsere Aufmerksamkeit gleichermaßen. Die Dunkelheit wird genauso akzeptiert und erlebt wie das Licht und alle Grautöne dazwischen. Wenn wir uns dem kompletten Spektrum an Erfahrungen öffnen, erkennen wir, wie sich Umstände verändern und Gedanken wie Wellen kommen und gehen. Nichts bleibt für immer, wie es ist. Die Möglichkeit zur Veränderung ist immer vorhanden und oft führt eine kleine Veränderung zu einer größeren.

Ist es nicht unverantwortlich, „im Moment" oder „im Hier und Jetzt" zu leben?

Wenn wir davon sprechen, dass wir „im Moment" leben, bedeutet das nicht, dass wir nicht an die Zukunft denken. Im Moment leben bedeutet, dass wir unser gegenwärtiges Erleben bewusst wahrnehmen und wissen (und akzeptieren), was tatsächlich passiert. Nur in diesem gegenwärtigen Moment können wir uns damit beschäftigen und Einfluss darauf nehmen, was geschieht. Was wir im Moment tun, bestimmt, was als nächstes passiert.

Ich kann nicht im Schneidersitz auf dem Boden sitzen. Kann ich trotzdem meditieren?

Um zu meditieren, muss man nicht in einer bestimmten Position sitzen. Nicht die körperliche Haltung ist wichtig, sondern die geistige Einstellung. Wenn Sie eine der Übungen aus irgendwelchen Gründen nicht wie beschrieben ausführen können, ist es kein Problem, die Übung an Ihre Möglichkeiten anzupassen. Auf den Seiten 42–43 finden Sie einige Tipps zur richtigen Körperhaltung beim Meditieren.

HILFREICHE EIGENSCHAFTEN

Eine regelmäßige Achtsamkeitspraxis fördert bestimmte Eigenschaften. Pflegen und stärken wir diese bewusst, hat dies wiederum positive Auswirkungen auf unsere Praxis.

NEUGIER ist die Grundlage der Achtsamkeitspraxis. Wenn wir neugierig auf unser Erleben sind, entwickeln wir Interesse für das, was mit uns geschieht. So verstricken wir uns nicht in unseren Gefühlen und unsere Gedanken schweifen seltener ab. Wenn wir uns für etwas interessieren, wollen wir mehr darüber wissen: Was nehmen wir wahr? Wo nehmen wir es wahr? Wie ist es? Wir fragen nicht nach dem „Warum", sondern nach dem „Was". Wenn wir uns einer Sache so annähern, stellen wir uns ihr und weichen ihr nicht aus. Wenn wir neugierig sind und die Filter vergangener Erfahrungen ablegen, sehen wir alles wie zum ersten Mal. Wir öffnen uns für neue Möglichkeiten, ohne Erwartungen oder ein Ziel im Kopf zu haben.

Wenn wir ein bestimmtes Ergebnis erzielen wollen, übersehen wir oft die unzähligen anderen Möglichkeiten. Darum üben wir das **NICHT-STREBEN.** Wenn wir zielgerichtet handeln und das Ergebnis nicht wie erwartet ausfällt, sind wir enttäuscht und lehnen unser Erleben ab. Statt auf das Endergebnis sollten wir uns daher immer auf das, was gerade ist, konzentrieren. Immer wenn Sie sich getrieben fühlen, ist das ein Warnsignal – ein Zeichen, dass Sie loslassen sollten.

Wenn uns unsere Gedanken während des Meditierens ablenken, lassen wir sie los und kehren wieder zu unserem Fixpunkt zurück. Wir üben das **LOSLASSEN.** Das Loslassen der Gedanken, der inneren Unruhe, der Gefühle. Erst wenn wir loslassen, können wir das Leben so nehmen, wie es ist – mit all seinen guten, unangenehmen und neutralen Aspekten. Indem wir uns von der Vorstellung lösen, dass alle Probleme gelöst und alle Situationen verändert werden können, lernen wir, alles so zu akzeptieren, wie es wirklich ist.

Im Zusammenhang mit Achtsamkeit bedeutet **AKZEPTANZ** nicht, dass man passiv ist. Sie ist ein aktiver, positiver Schritt. Indem wir alles so nehmen, wie es ist (und nicht wie wir es gern hätten), erhalten wir einen Ausgangspunkt, von dem aus wir uns weiterbewegen können. Akzeptanz ist durch eine Geisteshaltung des Annäherns charakterisiert: Wir sträuben uns nicht gegen unser Erleben, sondern nähern uns ihm an. Dabei hilft uns, wenn wir Interesse an unserem Erleben haben.

Wenn wir bewusst auf unsere Gedanken achten, nehmen wir die ständige Kritik an uns und anderen wahr. Das Wahrnehmen allein kann schon sehr hilfreich sein. Die Herausforderung ist, dabei nicht zu urteilen. Wir üben uns im **NICHT-URTEILEN.** Werturteile schränken uns ein, sie hindern uns daran, das große Ganze zu sehen. Und sie sind oft grausam. Das Nicht-Urteilen ist jedoch eng mit der **GÜTE** verknüpft. Indem wir kritische Gedanken loslassen, sind wir gütig zu uns selbst und zu anderen. Man darf natürlich eine Meinung haben und sich Urteile bilden, aber es ist wichtig, Situationen in ihrer Gesamtheit zu betrachten, anstatt nur einen einseitigen Blick auf sie zu werfen.

Es ist wichtig, dass wir **VERTRAUEN.** Diese Eigenschaft ist eng mit dem Nicht-Streben und der Geduld verknüpft. Wir müssen lernen, unserem Körper und unserem Erleben zu vertrauen, und den Mut und die Geduld aufbringen, den Dingen ihren natürlichen Lauf zu lassen. Mit der Zeit fällt uns das leichter. Wir finden Zugang zu unserer inneren Weisheit und vertrauen auf sie.

Achtsamkeit ist keine schnelle Lösung, langfristige Veränderungen brauchen Zeit. Oft sind es andere Menschen, die zuerst bemerken, dass Sie sich verändert haben. Achten Sie nicht darauf, wie schnell die Veränderungen eintreten. Indem wir unsere Atmung beobachten und die Ungeduld wahrnehmen, lernen wir **GEDULD** und die Fähigkeit, innezuhalten.

Das Leben ist ein Lernprozess. Wir müssen nicht der Inbegriff der Tugend sein, um Achtsamkeit zu praktizieren. Es gibt nicht die perfekte Zeit, um etwas zu tun. Viel zu oft schieben wir unsere Vorhaben auf, dabei müssten wir nur anfangen – jetzt. Regelmäßiges Üben der formellen Praktiken (Seiten 100–139) hilft, diese Eigenschaften zu entwickeln. Seien Sie nicht zu hart zu sich, wenn Sie ungeduldig oder kritisch sind, oder enttäuscht, weil Ihre Erwartungen nicht erfüllt wurden. Nehmen Sie Ihre Gefühle wahr, benennen Sie sie und seien Sie gut zu sich. Es geht nicht um Urteile oder Bewertungen, sondern um Ihre persönliche Entdeckungsreise.

ENTSPANNT SITZEN

Es ist ein Irrglaube, dass man beim Meditieren verknotet im Lotussitz verharren muss – was den meisten von uns schwerfallen würde. Tatsächlich **kann man in vielen verschiedenen Positionen meditieren und keine ist besser oder schlechter geeignet. Die Körperhaltung ist nur ein Mittel zum Zweck.**

Viele der Übungen in diesem Buch sind für den Einsatz am Arbeitsplatz gedacht. Dort sitzen Sie vielleicht an einem Schreibtisch oder hinter einer Verkaufstheke. Vielleicht müssen Sie aber auch die meiste Zeit stehen und können sich nicht einfach hinsetzen und eine bestimmte Haltung einnehmen. Wichtig ist, dass Sie die richtige Geisteshaltung einnehmen – werden Sie bewusst und aufmerksam. Richten Sie Ihren Oberkörper auf und stellen Sie beide Füße fest auf den Boden. Das gibt Ihnen ein Gefühl der Stabilität. Falls Sie den Boden mit Ihren Füßen nicht erreichen, legen Sie am besten ein Kissen oder ein dickes Buch darunter.

Falls Sie nicht aufrecht auf einem Stuhl oder auf dem Boden sitzen können, legen Sie sich einfach bequem hin. Auch wenn es Ihnen im Liegen vielleicht schwerer fällt, nicht einzuschlafen, eignet sich diese Position zum Meditieren. Legen Sie sich auf den Rücken, strecken Sie Arme und Beine aus und lassen Sie die Füße locker nach außen fallen.

Am besten legen Sie auch eine Decke bereit, damit Sie sich zudecken können, wenn Ihnen kalt wird – beim Meditieren sinkt nämlich die Körpertemperatur.

Es gibt Übungen, bei denen man ungestört sein sollte – dazu gehören die formellen Praktiken auf den Seiten 100–139. Auf der nächsten Seite finden Sie weitere Tipps, die Sie für formelle Übungen beachten sollten. Sie treffen allerdings auch auf viele der anderen Übungen in diesem Buch zu.

TIPPS FÜR EINE AUFRECHTE SITZHALTUNG

1. Verwenden Sie einen Stuhl mit gerader Lehne und keinen Sessel, der Ihnen kaum Halt gibt. Setzen Sie sich hin und beugen Sie sich dann nach vorn, als ob Sie Ihre Zehen anfassen wollten. Rutschen Sie auf dem Stuhl zurück bis ganz zur Lehne und setzen Sie sich dann wieder auf. Diese Bewegung löst die Wirbelsäule sanft aus dem Hohlkreuz. Stellen Sie sich nun einen unsichtbaren Faden vor, der vom unteren Ende der Wirbelsäule nach oben durch Nacken und Hinterkopf bis zum Scheitel verläuft. Stellen Sie sich vor, wie Sie sanft an ihm ziehen, bis sich Ihr Körper aufrichtet und Sie das Kinn leicht einziehen.

2. Alternativ können Sie auch im Schneidersitz auf dem Boden sitzen. Ein stabiler Untergrund ist hierbei wichtig. Die Hüfte sollte etwas höher sein als die Knie. Setzen Sie sich bei Bedarf auf einen Yogablock, ein festes Kissen oder ein großes Buch. Im Idealfall berühren die Knie den Boden. Falls Sie mit Ihren Knien nicht bis zum Boden kommen, können Sie Kissen unterlegen. Richten Sie dann Wirbelsäule und Kopf wie oben beschrieben auf.

3. Eine dritte Möglichkeit ist das Knien, entweder mithilfe von Kissen oder einer Meditationsbank. Je nachdem, wie groß und gelenkig Sie sind, brauchen Sie vielleicht mehrere Kissen (oder müssen auf die Meditationsbank noch einen Yogablock oder ein paar Bücher legen). Wichtig ist, dass der Rücken sich nicht krümmt und Sie die Schultern nicht hängenlassen. Unsere Körperhaltung spiegelt unsere Geisteshaltung wider und verstärkt diese. Wenn Sie die richtige Position gefunden haben, werden Sie sich perfekt ausgerichtet fühlen.

4. Ihre Haltung sollte eine entspannte Wachsamkeit fördern und stabil sein (darum bleiben auch beide Füße auf dem Boden). Legen Sie die Hände bequem in den Schoß. Die Handflächen können dabei nach oben oder unten zeigen – probieren Sie aus, was sich besser anfühlt. Die Augen können offen sein, aber der Blick sollte entspannt nach unten und leicht nach vorn gerichtet sein. Wenn wir länger sitzen, verändert sich unsere Haltung oft unbewusst. Prüfen Sie Ihre Haltung daher von Zeit zu Zeit und korrigieren Sie sie bei Bedarf.

KAPITEL ZWEI

IHR ARBEITSPLATZ

Entdecken Sie die positive Kraft bewusst gelenkter Aufmerksamkeit am Arbeitsplatz. Sie beruhigt die Nerven, schenkt uns eine neue Sichtweise, lässt uns positive Aspekte erkennen und ermöglicht uns ein sinnvolleres und weniger stressiges Arbeiten.

Achtsamkeit kann uns am Arbeitsplatz in vielen Situationen unterstützen. Susan ist Anwältin in einer Kanzlei – ein stressiges, forderndes Umfeld. Sie hatte den Stress verinnerlicht und hoffte, mithilfe von Achtsamkeit zu lernen, besser mit den Herausforderungen ihres Berufs umzugehen.

„Ich sollte ein Gespräch mit einem potenziellen Klienten führen. Dazu musste ich in seinem Büro eine Präsentation halten, anschließend Fragen beantworten und einschätzen, ob uns der Klient anheuern wollte. Diese Aufgabe wurde mir sehr kurzfristig übertragen. Ich hatte noch nicht viele derartige Gespräche geführt und nun sollte ich nicht nur einen potenziellen Klienten anwerben, sondern hielt die Präsentation im Beisein von vier Partnern unserer Kanzlei. Ich war Juniormitglied im Verkaufsteam und die Partner jagten mir fast mehr Angst ein als der Klient. Auf dem Weg zum Klienten, während sich die anderen in ihre Notizen vertieften, senkte ich die Augen, legte die Hände auf die Knie und machte eine Atemübung. Das beruhigte mich und ich spürte, wie mein Puls langsamer wurde. Erst fühlte ich mich unsicher, vor den Kollegen zu meditieren, aber alle waren vollauf mit ihren Vorbereitungen beschäftigt. Das Gespräch war ein Erfolg und ich erhielt positives Feedback von meinen Kollegen und dem Klienten. Ich bin mir sicher, dass meine Achtsamkeit dazu beigetragen hat."

Am leichtesten lernt man Achtsamkeit, wenn man gerade keinen Stress hat, sodass man sich mit ihr vertraut machen kann. Je häufiger wir Achtsamkeit üben, desto leichter fällt es uns, sie bei Bedarf auch in stressigen Situationen anzuwenden.

WAS WÄRE, WENN ...

Es ist verlockend, sich vorzustellen, wie unser Leben unter anderen Umständen verlaufen würde und wie es perfekt sein könnte. Je mehr Zeit wir aber mit solchen Fantasien verbringen, desto weniger Aufmerksamkeit schenken wir unserer gegenwärtigen Situation.

Tagträume erzeugen so ein Gefühl der Unzufriedenheit im Hier und Jetzt. Und wenn wir nicht gegenwärtig sind, verpassen wir Gelegenheiten – zum Beispiel die Möglichkeit, mit Kollegen zu sprechen. Im schlimmsten Fall sind wir einen großen Teil der Arbeitswoche nicht gegenwärtig. Aus Wochen werden Jahre und aus Jahren wird unser ganzes Leben. Die Gewohnheit, nicht gegenwärtig zu sein, nehmen wir außerdem oft mit nach Hause, was negative Folgen für unsere Familie hat. Wenn wir aber den gegenwärtigen Moment mit Neugier und Aufmerksamkeit betrachten, entdecken wir Neues. Wir entwickeln Interesse an den bisher unbekannten Aspekten unseres Lebens und unserer Mitmenschen.

ÜBUNG

★ Nehmen Sie sich vor, bewusst darauf zu achten, wenn Ihre Gedanken in die Was-wäre-wenn-Fantasiewelt abschweifen.

★ Wenn Sie bemerken, dass Sie von der Zukunft träumen, holen Sie sich in die Gegenwart zurück. Konzentrieren Sie sich dazu auf Ihre Atmung (Seiten 54 und 78) oder auf Ihre Füße auf dem Boden (nächste Seite).

★ Wenn Ihnen diese Gedanken bewusst werden, hilft es, sie als „Tagträume" zu benennen.

★ Machen Sie das immer weiter und befreien Sie sich dabei von negativer Kritik gegenüber Ihren Gedanken oder der Tatsache, dass Sie tagträumen.

FÜSSE AUF DEM BODEN

Das ist eine der einfachsten und nützlichsten Achtsamkeitsübungen – besonders in stressigen Zeiten. Die Stressreaktion (Seite 27) kann jederzeit sehr schnell aktiviert werden: ein Vorgesetzter tadelt Sie, Sie verschicken eine falsche E-Mail, ein Kunde wird ausfallend. Vielleicht läuft es auch privat gerade nicht gut, ein Familienmitglied ist krank oder eine Beziehung geht in die Brüche. In solchen Momenten kommt es uns vor, als würden wir den Boden unter den Füßen verlieren. Trotzdem müssen wir in der Arbeit Leistung bringen und gut gelaunt sein.

Dabei hilft es, die Aufmerksamkeit auf die Atmung zu lenken. Wenn wir in Panik geraten, atmen wir schnell und flach. Oft kommt es uns vor, als bekämen wir kaum Luft, wodurch es uns noch schlechter geht. In solchen Momenten können wir uns zusätzlich stabilisieren, indem wir uns mit dem Boden unter unseren Füßen verbinden.

Richten Sie dazu Ihre Aufmerksamkeit auf Ihre Füße. Spüren Sie, wie Ihre Füße den Boden berühren. Drücken Sie mit den Fußsohlen leicht gegen den Boden. Es fühlt sich an, als klebten Ihre Füße am Boden. Der Boden ist ganz fest und stabil. Spüren Sie diese Empfindungen. Wenn Sie möchten, können Sie mit den Zehen wackeln.

Etwas, das fest am Boden verankert ist, fällt nicht leicht um. Indem Sie sich auf Ihre Füße auf dem Boden konzentrieren, verankern Sie sich, sodass auch Sie nicht umfallen können. Sie verbinden sich direkt mit dem gegenwärtigen Moment. Das Gefühl der Bodenlosigkeit verfliegt und die Gedanken an das Was-wäre-wenn verfliegen. Ihre Sorgen und Probleme sind zwar noch da, aber nun stellen Sie sich ihnen auf einer stabilen, starken Grundlage.

NEUGIER

Neugier ist ein wesentliches Element der Achtsamkeit. Neugierig zu sein, bedeutet, Interesse und Forschergeist zu haben, mehr über etwas herausfinden zu wollen und es näher zu betrachten. Eine achtsame Neugier erwartet nicht, etwas Bestimmtes herauszufinden. Wir streben nach der Neugier eines Kindes, das keine Ahnung hat, was es entdecken wird. Wenn wir etwas mit neugierigem Interesse erforschen, entdecken wir oft das, was uns nicht bewusst war. Das können körperliche Empfindungen sein, bestimmte Gefühle oder Motive und vielleicht auch Beobachtungen über andere Menschen.

Kinder sind von Natur aus neugierig. Wenn wir erwachsen sind, kennen wir unser Umfeld und nehmen unser Erleben einfach so hin, ohne uns mit den Details zu beschäftigen. Wenn wir im Job länger dieselbe Position innehaben oder lange für dieselbe Firma arbeiten, gewöhnen wir uns an bestimmte Abläufe und Systeme. Wir dulden sie, weil: „So haben wir das schon immer gemacht." Wird ein neuer Mitarbeiter eingestellt, ist er anfangs noch neugieriger und hinterfragt vielleicht den Stand der Dinge oder schlägt Veränderungen vor. Warum sollten wir diese Neugier nicht auch empfinden können?

Neugierig zu sein, bedeutet, Interesse und Forschergeist zu haben.

ÜBUNG

- Seien Sie heute einmal auf alles neugierig. Tun Sie so, als wüssten Sie nichts, und erforschen Sie Ihre Arbeitswelt. Stellen Sie Fragen, ohne eine bestimmte Antwort zu erwarten. Sprechen Sie mit Kollegen, mit denen Sie sonst nichts zu tun haben. Beobachten Sie Ihr Umfeld, etwa wie die Mitarbeiter miteinander umgehen, und die Außenwelt.

- Haben Sie Interesse an Ihrem eigenen Erleben. Beobachten Sie entstehende Situationen und nehmen Sie Momente des Widerstands – etwa in Form von Anspannung – bewusst wahr. Manchmal spürt man diesen Widerstand in bestimmten Körperregionen. Wenn ich in der Arbeit angespannt bin, reibe ich zum Beispiel immer meinen verspannten Nacken. Wo entsteht die Anspannung? Gibt es bestimmte Personen oder Aufgaben, auf die Ihr Körper negativ reagiert?

- Was gefällt Ihnen? Achten Sie auf Momente, in denen Sie loslassen und sich öffnen. Wann geschieht das? Gibt es bestimmte Aktivitäten, Speisen, Getränke oder Menschen, die das auslösen? Vielleicht als Reaktion auf etwas, das Sie tun?

- Achten Sie auf bestimmte E-Mails, Anrufe und Gespräche, auf etwaige körperliche Reaktionen und darauf, was kurz davor geschah. Beobachten Sie auch die Gedanken, die vor, während oder nach so einer Reaktion auftauchen. Empfinden Sie ein bestimmtes Gefühl? Es können auch mehrere verschiedene Gefühle sein!

- Achten Sie auf das Feedback, das Ihnen Ihr inneres Ich über Ihren Körper vermittelt. Nehmen Sie wahr, wenn Widersprüche zwischen Ihren Gedanken und Ihren körperlichen Empfindungen oder Gefühlen entstehen. Manchmal stimmen wir einer Sache zu oder sagen jemandem, dass es uns gut geht, doch gleichzeitig verkrampft sich unser Magen oder unsere Schultern verspannen sich. Das sagt uns, dass es uns alles andere als gut geht.

- Seien Sie neugierig auf das, was Sie über Ihre Erfahrungen und Ihr Verhalten am Arbeitsplatz herausfinden.

AUFRECHT SITZEN

Mein Nacken und meine Schultern sind immer die ersten Bereiche, die sich verspannen. Und wenn ich meine Haltung in der Arbeit bewusst wahrnehme, merke ich auch, warum. Meine Schultern sind hochgezogen und mein Kinn streckt sich in Richtung Bildschirm. Sobald ich meine Haltung bemerke, werde ich augenblicklich lockerer. Solche Gewohnheiten werden uns bewusst, wenn wir unsere Haltung am Schreibtisch oder in einem Meeting beobachten. **Wenn wir unsere Aufmerksamkeit auf etwas richten, können wir es verändern.**

ÜBUNG

★ Verankern Sie die Füße fest auf dem Boden. Stellen Sie sich nun einen seidenen Faden vor, der entlang Ihrer Wirbelsäule bis zum Scheitel verläuft. Ziehen Sie sanft an diesem Faden, sodass sich die Wirbelsäule streckt und Sie das Kinn leicht einziehen. Jetzt sitzen Sie aufrecht. Ihre untere Körperhälfte ist stabil und durch die Füße geerdet, der Oberkörper ragt nach oben – stark wie ein Berg.

★ Gewöhnen Sie sich an, Ihre Haltung im Laufe des Tages regelmäßig zu überprüfen.

★ Unsere **äußere Haltung spiegelt unsere innere Haltung wider. Nehmen Sie diese Verbindung zwischen Körper und Geist bewusst wahr.**

★ Wenn Sie verstehen, wie Ihre Haltung umgekehrt auch Ihren inneren Zustand beeinflusst, können Sie Veränderungen vornehmen. Indem Sie sich bewusst aufrichten, schaffen Sie eine Verbindung mit der Stärke Ihres „inneren Berges".

Sie können diese Übung im Stehen oder Sitzen durchführen. Achten Sie auf Ihre Kopfhaltung und wie sich diese auf Ihre Stimmung auswirkt. Probieren Sie verschiedene Haltungen aus und beobachten Sie, was sich verändert.

EINFACH NUR GEHEN

Jede Aktivität kann zur Achtsamkeitspraxis werden – besonders Momente des Fortbewegens. Achten Sie darauf, wie oft Sie sich am Tag von A nach B bewegen müssen, etwa um eine Kollegin in einem anderen Stockwerk zu besuchen oder um die Post zu holen. Wir sehen diese Wege oft als „verlorene Zeit", sie sind aber auch Gelegenheiten, um Achtsamkeit zu praktizieren. Dadurch gehen wir vom „Tun-Modus" in den „Sein-Modus" über – und damit in den gegenwärtigen Moment. Diese achtsame Pause hilft uns, uns nicht überwältigt zu fühlen. **Und dieses „Zurückholen" in den Moment beeinflusst dann auch unser weiteres Denken und Verhalten.** Schon eine kleine Verhaltensänderung kann so eine große Wirkung haben. Nehmen Sie sich vor, solche Bewegungsmomente zum Üben von Achtsamkeit zu nutzen.

ÜBUNG

- Achten Sie, während Sie gehen, mit Neugier auf Ihr Erleben, ohne es zu bewerten.
- Spüren Sie ganz bewusst Ihre Empfindungen – das Gefühl der Füße auf dem Boden oder der Hand auf der Türklinke, Veränderungen von Temperatur und Luft oder Ähnliches.
- Achten Sie auf Ihre Gedanken. Vielleicht spüren Sie eine gespannte Erwartung oder auch Nervosität. Wie fühlt sich das in Ihrem Körper an? Seien Sie neugierig!
- Gestehen Sie sich auftauchende Gefühle ein.
- Nehmen Sie Begegnungen mit anderen Menschen bewusst wahr. Was bemerken Sie?
- Passen Sie den Grad Ihrer Aufmerksamkeit an. Manchmal müssen Sie sich stärker auf etwas konzentrieren, manchmal können Sie Ihr weiteres Umfeld wahrnehmen.
- Tun Sie das, wann immer möglich. Sie werden nicht immer daran denken, aber das macht nichts – wichtig ist, dass Sie es versuchen.

GEDANKENNUANCEN

Ich habe eine bestimmte gedankliche Nuance, die ein Warnsignal für mich ist. Sie ist von Empörung und einer gewissen Selbstgerechtigkeit geprägt. Wenn diese Nuance in meinen Gedanken präsent ist, verzerrt sie mein Urteilsvermögen: Ich bin fest von etwas überzeugt – und feste Überzeugungen können oft starr und einseitig sein. Wenn mir diese Gedankennuance bewusst auffällt, kann ich daran arbeiten und mich daran erinnern, dass **jeder eine eigene Sichtweise hat** und es vielleicht Aspekte gibt, die ich noch nicht kenne.

Wenn sechs Augenzeugen ein Ereignis beschreiben sollen, kommen sechs unterschiedliche Sichtweisen heraus. Jeder hat einen anderen Blick auf das Geschehen. Und jeder achtet auf andere Details – ein Zeuge bemerkt vielleicht die Farben oder Marken der Kleidung, ein anderer achtet auf die Musik, die läuft. Wenn wir das verstehen, erkennen wir, dass die anderen nicht „lügen" oder sich absichtlich querstellen, sondern *ihre eigene* Sicht schildern. Diese Sicht ist bei jedem anders. Und das trifft auf alle Bereiche des Lebens zu. Unsere persönliche Sichtweise, unsere Interpretation des Geschehens oder unsere Meinung sind nicht notwendigerweise die richtigen oder die einzigen Ansichten. Sie sind nur eine Variante mehrerer Möglichkeiten.

Achten Sie auf Ihre Gedankennuancen. Können Sie zwischen verschiedenen Gedankennuancen unterscheiden? Nehmen Sie sie und ihre charakteristischen Merkmale bewusst wahr. Bemerken Sie die Momente, in denen Sie einseitig denken? Machen Sie sich keine Vorwürfe. Beobachten Sie und erinnern Sie sich daran, dass Ihr Urteilsvermögen in diesem Fall verzerrt sein kann. Verankern Sie sich, indem Sie sich auf Ihre Atmung (Seite 78) oder Ihre Füße auf dem Boden (Seite 47) konzentrieren. Halten Sie inne. Atmen Sie. Holen Sie sich in den gegenwärtigen Moment zurück. Das wird Sie bremsen, sodass Sie die Chance haben, bedacht zu handeln, anstatt spontan zu reagieren.

HERAUS AUS DEM KOPF!

Wenn wir arbeiten, benutzen wir meistens unseren Kopf: Wir planen, analysieren, lösen Probleme und bessern Fehler aus. Daran ist nichts falsch, wenn es für unsere Aufgabe erforderlich ist. Aber zu oft wird das ständige Denken zum Dauerprogramm.

Wenn wir in unseren Gedanken feststecken, merken wir nicht, was im Körper abläuft, und übersehen vielleicht gesundheitliche Warnsignale. **Wenn wir aber im Körper verankert sind, verlieren wir uns nicht so leicht in unseren Gedanken.** Richten wir die Aufmerksamkeit auf den Körper, holt uns das aus dem Kopf heraus und weg von der Grübelei. So kehren wir wieder in den gegenwärtigen Moment zurück.

EINFACHER BODY-SCAN

1. Zeichnen Sie in Gedanken einen Umriss um Ihre Füße auf dem Boden. Zuerst um den einen, dann um den anderen Fuß (oder Schuh).

2. Richten Sie Ihre Aufmerksamkeit dann weiter nach oben, dorthin, wo Ihr Körper den Stuhl berührt. Ziehen Sie eine Linie um die Oberschenkel und Ihr Gesäß, vielleicht auch um den mittleren Teil des Rückens oder den Hinterkopf, falls dieser angelehnt ist. Nehmen Sie Ihre Arme wahr. Falls die Arme etwas berühren (Ihren Körper beispielsweise), zeichnen Sie auch um sie in Ihrer Vorstellung einen Umriss.

3. Richten Sie Ihre Aufmerksamkeit nun wieder auf Ihre Füße. Stellen Sie sich vor, wie Sie sie mit einem Stoffband oder einer Schnur umwickeln. Wickeln Sie Ihre Aufmerksamkeit so um Ihre Füße, Ihre Knöchel, einen Unterschenkel und das Bein hinauf, und dann wieder von unten angefangen um das andere Bein.

4. Sie können so weit wickeln, wie Sie möchten – vielleicht auch um den Oberkörper und die Arme. Die Hände können Sie im Ganzen umwickeln oder jeden Finger einzeln.

Diese Übung hilft, die Aufmerksamkeit auf den Körper zu richten. Sie kann so kurz oder lang durchgeführt werden, wie Sie möchten. Falls Sie nur einige Minuten Zeit haben, können Sie zum Beispiel auch nur Ihre Füße oder Ihre Hände umwickeln. Machen Sie diese Übung so oft wie möglich, um sich in den gegenwärtigen Moment zu holen.

DIE ACHTSAME MINUTE

„In der Arbeit habe ich keine Zeit zum Meditieren", sagen viele. Aber eine Minute hat jeder übrig. Michael Chaskalson beschreibt diese Übung in seinem Buch *The Mindful Workplace* und sie ist die perfekte Antwort auf die „Keine Zeit!"-Ausrede. Viele Menschen glauben, sie müssten länger meditieren, als sie es am Arbeitsplatz tun können, aber das stimmt nicht. Diese Übung ist **eine einfache und zeitlich begrenzte Meditationsübung,** die auf Sie zugeschnitten ist und die Sie überall ausführen können. Finden Sie heraus, wie viele Atemzüge Sie normalerweise in einer Minute machen und richten Sie Ihre achtsame Minute danach aus.

ÜBUNG

★ Sie benötigen eine Stoppuhr oder einen Wecker, um die Anzahl Ihrer Atemzüge pro Minute zu ermitteln. Vielleicht kann Ihnen jemand dabei helfen, dann müssen Sie nicht daran denken, wann Sie anfangen oder aufhören müssen, zu stoppen. Wenn Sie die Zeit selbst stoppen, entspannen Sie sich für ein paar Momente, bevor Sie mit der Messung anfangen. Beginnen Sie, wenn Sie bereit sind.

★ Zählen Sie jeden Atemzug, dabei zählt je einmal Ein- und Ausatmen als ein Atemzug. Der Wert Ihrer Zahl spielt keine Rolle. Jeder hat eine andere Atemfrequenz. Es geht nur um die Anzahl Ihrer eigenen Atemzüge.

★ Wenn Sie möchten, können Sie die Zeit mehrmals stoppen und einen Durchschnittswert ermitteln.

★ Haben Sie Ihren Wert ermittelt, merken Sie sich die Zahl. Wenn Sie das nächste Mal meditieren möchten, richten Sie Ihre Aufmerksamkeit auf Ihre Atmung und zählen Sie jedes Ein- und Ausatmen als einen Atemzug – bis zu der Zahl, die Sie ermittelt haben. Das ist Ihre achtsame Minute. Wenn Sie diese Übung mehrmals am Tag machen, erzeugen Sie mehrere Minuten bewusste Aufmerksamkeit mit all ihren Vorteilen.

SICH SCHÖNEM ÖFFNEN

Ist Ihnen schon einmal aufgefallen, dass man sich leichter an unangenehme Ereignisse erinnert? Unser Instinkt wittert jede mögliche Bedrohung, das ermöglicht das Überleben der menschlichen Spezies. Aber zu oft nehmen wir „Bedrohungen" wahr, die gar keine sind – zum Beispiel einen verpassten Einsatz bei einer Präsentation oder den Kommentar eines Kollegen. Unsere positiven Erlebnisse helfen uns nicht beim Überleben, darum speichert der Körper bzw. das Gehirn sie nicht auf die gleiche Weise ab. Wir neigen also dazu, das Schöne zu vergessen und das Schlechte überzubewerten. Nehmen wir ein positives Erlebnis bewusst wahr, können wir es im Körpergedächtnis „abspeichern". Hierbei geht es nicht darum, positive Erlebnisse zu erzeugen, sondern die existierenden wahrzunehmen.

ÜBUNG

- Achten Sie heute auf jedes Erlebnis, das Sie als positiv beurteilen würden – und zwar die kleinen Dinge im Leben: das Lächeln einer Freundin, ein ausgiebiges Durchstrecken des Körpers nach langem Sitzen, einfach etwas, das Ihnen ein gutes Gefühl gibt.

- Nehmen Sie dieses Erlebnis bewusst wahr. Lassen Sie es sich spüren. Welche körperlichen Empfindungen bemerken Sie? Befinden sie sich in einem bestimmten Bereich des Körpers? Wie würden Sie sie beschreiben? Welche Gedanken und Gefühle nehmen Sie bewusst wahr (ohne zu urteilen)? Dieser „Prüfvorgang" dauert nur einige Sekunden.

- Manchmal hilft es, die Erlebnisse aufzuschreiben. Denken Sie darüber nach, was Sie bemerkt haben. Was hat Sie überrascht? Gibt es bestimmte Tätigkeiten oder Menschen, auf die Sie positiv reagieren?

- Oft erkennen wir, dass es jeden Tag viel mehr schöne Erlebnisse gibt, als wir dachten – selbst in der Arbeit. Indem wir sie wahrnehmen, nehmen wir eine ausgeglichenere Sichtweise auf unser Leben an und speichern diese positiven Erlebnisse im Körpergedächtnis.

SICH SCHWIERIGEM ÖFFNEN

Niemandem gefällt es, wenn das Leben nicht nach Plan verläuft. Wir mögen es nicht, wenn sich das Papier im Drucker staut oder uns der IT-Kollege sagt, dass wir den Computer neu starten sollen, bevor er sich um die Fehlermeldung auf dem Bildschirm kümmert. Wir mögen es nicht, wenn jemand wiederholt unsere Anrufe oder E-Mails ignoriert oder eine unserer Ideen ablehnt. Oft sind es die kleinen, eigentlich belanglosen Ärgernisse, die uns mehr Stress bescheren als große Krisen wie Entlassungen oder Umstrukturierungen.

Auf alles, was wir nicht mögen, reagieren wir naturgemäß mit Widerstand. Dann sind wir gereizt oder wütend, unser Körper verspannt sich und unser Blutdruck steigt, weil das Herz aufgrund der empfundenen Bedrohung schneller schlägt (Seite 27). Vielleicht versuchen wir, das Problem mit der Holzhammermethode zu lösen, damit wir uns möglichst schnell wieder normal fühlen. Es mag kontraproduktiv klingen, aber wenn wir unsere Aufmerksamkeit in schwierigen Momenten bewusst auf unser Erleben richten, hilft uns das – auf körperlicher und psychischer Ebene.

Der Forschung zufolge reagieren wir auf unser Erleben entweder mit dem Annäherungs- oder dem Vermeidungsmodus. Experimente haben gezeigt, dass wir im Vermeidungsmodus bei Kreativitätstests um 50 % schlechter abschneiden, als wenn wir den gleichen Test im Annäherungsmodus machen. Wenn wir uns (mental oder körperlich) bedroht fühlen, wird die Stressreaktion aktiviert (Seite 28), was die normalerweise tägliche Entstehung neuer Gehirnzellen sowie die Entstehung von Nervenbahnen beeinträchtigt. Der Vermeidungsmodus wirkt sich also negativ auf unsere Gehirnzellen aus und verhindert dadurch die Entwicklung neuer Denkweisen. So bleiben wir ängstlich und pessimistisch.

UNERWÜNSCHTES ANNEHMEN

1 Achten Sie heute auf jedes Erlebnis, das für Sie unangenehm, unerwünscht oder belastend ist. Wenn Sie Gereiztheit oder Ärger aufkommen spüren, nehmen Sie diese Gefühle wahr und akzeptieren Sie sie: **"Ich sehe dich, … [benennen Sie das Gefühl]."** Es spielt keine Rolle, ob das Gefühl gerade angemessen ist oder nicht. Es ist nun einmal da und der erste Schritt ist, es bewusst wahrzunehmen. Das Gefühl direkt zu benennen, reduziert seine Wirkung.

2 **Erforschen Sie Ihre Empfindungen** zu diesem Gefühl. Spüren Sie etwas in Ihrem Körper? Oder verspüren Sie eine innere Leere? Finden Sie die Grenzen dieser Empfindungen oder der Leere. Vielleicht spüren Sie nichts im Oberkörper, aber nehmen Ihre Füße auf dem Boden oder Ihr Gesäß auf dem Stuhl wahr. Machen Sie sich Ihre eigene Interpretation des Erlebnisses bewusst und lösen Sie sich von allen Werturteilen.

3 **Achten Sie nun auf Ihre Atmung.** Sie können dazu in Gedanken wiederholen „Einatmen, ausatmen" oder „Ich darf mich so fühlen".

4 Atmen Sie ein bis zwei Minuten lang bewusst. **Dehnen Sie dann Ihr Bewusstsein immer weiter aus.** Nehmen Sie Ihren Körper wahr, Ihre Füße auf dem Boden, Ihre Oberschenkel und Ihr Gesäß auf dem Stuhl und alle Empfindungen um Sie herum, bevor Sie wieder in Ihren Alltag zurückkehren.

Falls Sie während der Übung von Ihren Gefühlen überwältigt werden, richten Sie Ihre Aufmerksamkeit auf Ihre Füße und spüren Sie sie auf dem Boden. Wenn wir sagen „Ich darf mich so fühlen", heißt das nicht, dass wir alles gutheißen, was gerade geschieht, oder dass alles gut ist – vielleicht ist es das tatsächlich nicht. Aber wir nehmen bewusst wahr, dass wir uns gerade so fühlen – dass das unser Erleben ist –, und bewusstes Wahrnehmen führt zu Akzeptanz. Indem wir uns in unser Erleben hineinfühlen, stellen wir uns ihm, anstatt eine Vermeidungshaltung einzunehmen. Das Wahrnehmen des Erlebens ist nicht immer schön oder einfach. Üben Sie, sich in jedes Erleben hineinzufühlen – auch in gute und neutrale Erlebnisse, die weniger emotional aufgeladen sind und weniger Widerstand hervorrufen. Manchmal fühlen wir uns nicht sicher genug, um uns einem aufkommenden negativen Gefühl zu stellen. Dann genügt es, wenn Sie das Gefühl bemerken und benennen und sich zu einem anderen Zeitpunkt damit beschäftigen, zum Beispiel zu Hause, wo Sie mehr Zeit haben und ungestört sind (Seite 128).

NAHRUNG FÜR DIE SEELE

Unser Körper benötigt Treibstoff, um gut zu funktionieren. Wie für ein Auto gibt es auch für den Körper verschiedene Arten von Treibstoff. Wenn Sie mittags ein Fertiggericht essen und Donuts als Zwischenmahlzeit, wird Ihr Körper dementsprechend reagieren. Achten Sie in den Stunden nach dem Essen auf Ihre Stimmung. Ein Zuckerkick gibt schnelle Energie, aber in ein paar Stunden sinkt Ihr Blutzucker und mit ihm Ihre Stimmung. Achten Sie darauf, wie Sie sich fühlen, wenn Sie eine Mahlzeit auslassen. Wie wirkt sich das aus, vor allem auf Ihre Stimmung?

Wenn wir unser Erleben bewusst wahrnehmen, verändert es sich. Unsere Sinne werden geschärft. Das betrifft auch den Geschmacks- und Geruchssinn. Wenn wir etwas essen, das gut schmeckt, duftet und eine angenehme Konsistenz hat, wird das bewusste, langsame Essen zu einem bereichernden Fest der Sinne.

Nach dem Essen dauert es eine Weile, bis das Gehirn das Signal erhält, dass der Magen voll ist. Wenn wir zu schnell essen oder abgelenkt sind, kann dieses Signal gar nicht erst entstehen. Nur wenn wir uns Zeit nehmen, bemerken wir, wann der Körper „Stopp!" sagt. Und weil wir die Nahrungsaufnahme bewusst wahrnehmen, befriedigt uns das Essen mehr. So essen wir meist weniger als normalerweise, da wir auf unseren Körper hören.

Man braucht nicht mehr Zeit, um eine Mahlzeit mit Achtsamkeit einzunehmen.

ACHTSAMES ESSEN

- Wenn Sie zum ersten Mal achtsam essen, beginnen Sie am besten mit nur einem Nahrungsmittel, etwa einem Stück Obst. Halten Sie die Frucht in Ihrer Hand. Betrachten Sie sie genau. Stellen Sie sich vor, dass Sie noch nie so eine Frucht gesehen haben. Nehmen Sie ihre Farben und Oberflächenstruktur wahr, ihre gesamte Form. Spüren Sie ihr Gewicht in Ihrer Hand. Sie können auch mit den Fingern die Oberfläche befühlen. Achten Sie dann auf den Geruch. Halten Sie die Frucht vor Ihre Nase. Spüren Sie bei Ihren Erkundungen irgendwelche körperlichen Reaktionen? Halten Sie die Frucht ganz nah vor Ihren Mund. Was bemerken Sie?

- Achten Sie auf Ihre Gedanken, Gefühle und körperlichen Empfindungen. Treffen Sie die bewusste Entscheidung, die Frucht zu Ihrem Mund zu führen. Beißen Sie noch nicht hinein, sondern betasten Sie die Frucht mit Ihrer Zunge. Wenn Sie bereit sind, fassen Sie die Absicht, in die Frucht zu beißen. Achten Sie auf die Geräusche und den Geschmack. Nehmen Sie wahr, wie das Abbeißen in das Kauen und dann in das Schlucken übergeht. Wie fühlt sich das an?

Fangen Sie an, beim Essen in der Arbeit auf Ihren üblichen Ablauf zu achten. Was essen Sie wann zwischendurch? Was essen Sie wo zu Mittag? Widmen Sie sich ganz dem Essen oder machen Sie nebenbei noch etwas anderes? Achten Sie darauf, wie Sie sich direkt nach dem Essen und ein paar Stunden später fühlen. Nehmen Sie Ihre Stimmung und auch die körperlichen Empfindungen wahr. Sind Sie wach oder müde und träge? Nehmen Sie sich vor, Ihr Mittagessen oder Ihre Zwischenmahlzeit achtsam einzunehmen. Wie fühlt sich das an? Achten Sie darauf, was Ihre Entscheidung beeinflusst, wenn Sie in der Arbeit einen Snack zu sich nehmen. Warum greifen Sie zu Keks oder Kuchen? Darauf zu achten, was einer bestimmten Handlung vorangeht, liefert Ihnen wichtige Informationen: Ist es Langeweile? Ist es eine Reaktion auf etwas anderes? Halten Sie inne, nehmen Sie Ihre Gedanken, Gefühle und körperlichen Empfindungen wahr und beachten Sie dieses Feedback. Sie können den Keks dennoch essen, aber Sie treffen die bewusste Entscheidung, ihn zu essen, anstatt nur unbewusst und automatisch zu reagieren.

UMARMEN SIE SICH

Das Hormon Oxytocin wird auch als „Kuschelhormon" bezeichnet, da es Gefühle wie Optimismus, Vertrauen und Selbstbewusstsein fördert. Es aktiviert die Entspannungsreaktion und diese wiederum deaktiviert die Stressreaktion mit all ihren unschönen Nebenwirkungen (Seite 27). Wahrscheinlich wäre es unangebracht, eine Kollegin zu umarmen. Darum hilft Ihnen diese Übung, wenn Sie in der Arbeit das Bedürfnis haben, sich anzulehnen. Machen Sie diese Übung an einem ruhigen Ort, am besten dort, wo Sie ungestört sind – zum Beispiel auf der Toilette.

ÜBUNG

★ Beginnen Sie, indem Sie Ihre Aufmerksamkeit auf Ihre Atmung richten. Spüren Sie das Atmen und die Empfindungen Ihres Körpers bewusst.

★ Legen Sie eine Hand auf Ihren Bauch, direkt unterhalb des Bauchnabels, und üben Sie sanften Druck aus. Legen Sie die andere Hand auf den Bereich des Herzens auf der linken Seite der Brust.

★ Konzentrieren Sie sich jetzt auf Ihre Atmung. Der Fokus der Aufmerksamkeit richtet sich auf Atmung, Brustkorb und Bauch. Spüren Sie bewusst, wie sich Ihr Körper hebt und senkt, die Ausdehnung und das Zusammenziehen.

★ Machen Sie das, so lange Sie möchten.

★ Der sanfte Druck auf den Herzbereich und den Bauch stimuliert die Ausschüttung von Oxytocin – mit all seinen Vorteilen.

Vergessen Sie dabei nicht, sich von Erwartungen zu befreien – oder vom Wunsch, dass ein unangenehmes Gefühl verschwindet. Bei Achtsamkeit geht es darum, sich allem zu stellen. Nutzen Sie diese Übung als Möglichkeit, mit Ihrem Körper und Ihren Gefühlen in Verbindung zu treten. Gestehen Sie sich ein, dass Sie Zuwendung und Selbstliebe brauchen. Das zu erkennen, ist ein wichtiger Schritt.

MULTITASKING

Wir telefonieren, während wir Briefe unterschreiben. Wir plaudern mit Kollegen, während wir eine E-Mail tippen. All diese Tätigkeiten nutzen dieselben neuronalen Schaltkreise, die von zu vielen gleichzeitig stattfindenden Aktivitäten überladen werden. Unser Gehirn erledigt Aufgaben am effektivsten hintereinander.

Gezielte Aufmerksamkeit fördert die Leistung. Sind wir aufmerksam, bemerker wir interne und externe Abläufe und haben einen besseren Überblick über das Geschehen. Wenn wir mehr als eine Aktivität auf einmal ausführen, wechselt unsere Aufmerksamkeit zwischen verschiedenen Aufgaben hin und her. Keine Aufgabe erhält die volle Aufmerksamkeit, wodurch wir leichter etwas übersehen. Da unser Arbeitsgedächtnis mit jedem Wechsel wieder von vorn anfangen muss, ist auch unsere Merkfähigkeit beeinträchtigt. Das ist geistig ermüdend, denn das Gehirn muss viel mehr arbeiten, um die gleiche Leistung zu erbringen. Das verbraucht Energie, unsere Produktivität ist schneller erschöpft und wir machen leichter Fehler.

ÜBUNG

- Nehmen Sie wahr, wie Sie sich beim Multitasking fühlen. Wie beeinflusst es Ihre Arbeit?
- Machen Sie sich bewusst, wann Sie multitasken. Halten Sie (wenn möglich) inne und erinnern Sie sich daran, dass Sie versuchen, etwas zu verändern.
- Multitasking ist eine Gewohnheit und Veränderung braucht Zeit. Haben Sie kein schlechtes Gewissen, wenn Sie diese Übung einmal vergessen. Loben Sie sich lieber, wenn Sie daran denken.
- Wenn Sie wirklich multitasken müssen, kombinieren Sie die Aufgaben effektiv. Machen Sie eine Aufgabe, die den präfrontalen Cortex – das denkende Gehirn – nutzt, zusammen mit einer eher routinebasierten Aufgabe. Routineaufgaben sind „angelernt" und automatisch in den Basalganglien des Gehirns abgespeichert. Sie können erledigt werden, ohne dass wir bewusst denken müssen, und erfordern daher weniger Energie.

DIE MACHT DER MÖGLICHKEITEN

Eines der Merkmale von Stress ist das Gefühl der Hilflosigkeit. In der Arbeit fühlen wir uns oft wie ein Rädchen im System. Unsere Arbeitszeit ist reguliert und manchmal entscheiden „die da oben" sogar, wann wir eine Pause machen oder auf die Toilette gehen dürfen. Wenn wir uns Möglichkeiten eröffnen, fühlen wir uns allem besser gewachsen, da wir uns im Annäherungs- statt im Vermeidungsmodus befinden. Letzterer behindert das kreative Denken und lässt uns in unseren Ängsten verharren. Wenn wir uns gegen etwas sträuben, aktivieren wir den „Bedrohungsmodus" mit all seinen Nachteilen (Seite 25). Indem wir in einer Stresssituation neue Möglichkeiten schaffen, aktivieren wir das limbische System – den Teil des Gehirns, der Gefühle und Gedächtnis reguliert und in dem sich die Amygdala befindet.

MÖGLICHKEITEN SCHAFFEN

★ Achten Sie auf jede Möglichkeit – etwa die Möglichkeit, die Zeit eines Meetings zu bestimmen.

★ Wenn Sie in der Arbeit in eine bestimmte Richtung gedrängt werden, versuchen Sie, etwas Positives an der Situation zu sehen. Inwiefern profitieren Sie von der Entscheidung? Gibt es einen finanziellen Anreiz oder die Chance, mehr Zeit zu Hause zu verbringen? Können Sie die Situation aus einem anderen Blickwinkel betrachten und sie anders interpretieren?

★ Sie haben die Möglichkeit, Ihre Reaktion auf eine Situation zu bestimmen. Sie können sich als Opfer der Umstände sehen oder Verantwortung für Ihre Einstellung übernehmen. Achten Sie darauf, was Sie sich selbst einreden. Wie beschreiben Sie die Situation? Was ist Ihre Rolle? Wenn Sie in Ihren Gedanken feststecken, richten Sie Ihre Aufmerksamkeit auf Ihren Körper, Ihre Atmung und Ihre Füße auf dem Boden. Richten Sie Ihre Aufmerksamkeit jedes Mal, wenn Ihre Gedanken Sie ablenken, wieder auf diesen Fixpunkt. Sie haben die Möglichkeit, Ihre Aufmerksamkeit bewusst zu steuern.

GEWOHNHEITEN ÄNDERN

Gewohnheiten sind angelernte Verhaltensweisen. Sie laufen als unbewusste Routine ab. Damit aus Verhaltensmustern Gewohnheiten werden, verlegt das Gehirn die Steuerung von der Oberfläche des Gehirns in die Basalganglien. Dieser Bereich steuert Routinehandlungen automatisch – ohne bewusste Wahrnehmung. Um eine Gewohnheit zu verändern, müssen wir sie in unser Bewusstsein zurückholen, die Auslöser erkennen und bewusst etwas anderes tun. Die dafür benötigte Eigenwahrnehmung entwickeln wir durch regelmäßige Achtsamkeitspraxis.

ÜBUNG

Wählen Sie eine Gewohnheit aus, die Sie gern verändern würden – zum Beispiel die Angewohnheit, alle paar Minuten Ihre E-Mails zu checken.

- Wenn Sie den Drang, die Gewohnheit auszuführen, bemerken, achten Sie ganz bewusst darauf. Wo im Körper spüren Sie diesen Drang? Woran denken Sie? Was treibt Ihr Verhalten an? Nehmen Sie Gefühle wie Langeweile, innere Unruhe oder Angst bewusst wahr.

- Erinnern Sie sich, dass Sie die Wahl haben, über Ihr weiteres Vorgehen zu entscheiden. Welche Möglichkeiten haben Sie und welche ist in diesem Moment die beste Alternative?

- Vergessen Sie nicht, dass unsere Achtsamkeit oft erst während oder nach dem gewohnten Verhalten einsetzt. Das ist ganz normal. Seien Sie nachsichtig mit sich und hören Sie mit dem gewohnten Verhalten auf, sobald Sie sich dessen bewusst werden.

Je häufiger wir etwas anders als gewohnt tun, desto stärker prägen wir uns neue Verhaltensmuster ein. Je häufiger Sie sich Ihr Verhalten bewusst machen und sich selbst in den gegenwärtigen Moment zurückholen, desto nachhaltiger werden die neuen Verhaltensweisen in den Basalganglien verankert. Bald werden Sie merken, dass Sie das neu erlernte Verhalten automatisch ausführen.

TRAINING FÜR DIE SINNE

Wenn wir darauf achten, was gerade geschieht, öffnen wir uns unserem gesamten Erleben so weit wie möglich. Das gelingt uns leichter, wenn wir alle fünf Sinne – Sehen, Schmecken, Riechen, Hören und Tasten – bewusst einbeziehen. Normalerweise aktivieren wir manche Sinne öfter als andere. Wenn wir aber bewusst darauf achten, alle Sinne wahrzunehmen, stimulieren wir auch jene, die wir sonst seltener nutzen.

Der narrative Schaltkreis

In seinem Buch *Brain at Work* erklärt David Rock, dass wir oft einen „narrativen Schaltkreis" nutzen. Dieser ist von Gedanken und unserer Interpretation des Erlebens geprägt. Es gibt aber auch einen „Direkt-Erfahrungs-Schaltkreis", bei dem wir auf die Wahrnehmung unserer Sinne achten. Die meisten Menschen verwenden jedoch den narrativen Schaltkreis: Wir denken über unser Erleben nach und dieser Gedanke führt zum nächsten Gedanken und zum nächsten. Wir denken, anstatt unser Erleben im Moment bewusst wahrzunehmen. Wenn es uns jedoch gelingt, den Direkt-Erfahrungs-Schaltkreis zu aktivieren, nehmen wir viel mehr wahr. Wir empfangen mehr Informationen über unsere Sinne, wodurch sich Möglichkeiten und Chancen eröffnen und wir besser funktionieren.

Menschen, die regelmäßig meditieren, bemerken eher, wenn sie im narrativen Schaltkreis festhängen – und etwa auf alte Gewohnheiten und Erwartungen zurückgreifen –, und können ihre Aufmerksamkeit so wieder bewusst auf den gegenwärtigen Moment lenken. Dieses Hineinfühlen in unser Erleben muss jedoch geübt werden. Die folgende kurze Übung sollte am besten regelmäßig durchgeführt werden – idealerweise an verschiedensten Orten: im Freien, im Konferenzraum oder in einem Café. Wählen Sie Orte, die unterschiedliche Sinne stimulieren.

ÜBUNG

★ Wenn Sie eine Aktivität bewusst wahrnehmen – etwa das Trinken eines Kaffees an Ihrem Schreibtisch oder den Spaziergang in der Mittagspause –, nehmen Sie sich vor, alle Sinne zu aktivieren. Beginnen Sie mit einem Sinn, meist ist es der offensichtlichste. Wenn Sie zum Beispiel einen Kaffee trinken, dann spüren Sie die warme Tasse in Ihren Händen (Tasten). Achten Sie auf den Duft des Kaffees (Riechen) und den Geschmack (Schmecken), wenn der Kaffee zum ersten Mal die Zunge berührt, aber auch den Nachgeschmack. Nehmen Sie die Unterschiede wahr. Diese drei Sinne sind in diesem Beispiel die offensichtlichsten. Aber was ist mit dem Geräusch beim Trinken des Kaffees? Und was sehen Sie, wenn Sie den Kaffee betrachten?

★ Konzentrieren Sie sich anfangs ganz auf die Tasse Kaffee. Dehnen Sie Ihre Aufmerksamkeit dann allmählich weiter aus und erkunden Sie Ihre Umgebung mit allen fünf Sinnen.

★ Manche Sinne sind leichter zu aktivieren, andere müssen vielleicht erst in die bewusste Wahrnehmung gelockt werden. Falls Sie einen Sinn einmal gar nicht bemerken, nehmen Sie einfach seine Abwesenheit wahr. Achten Sie darauf, was dabei in Ihrem Kopf geschieht: „Das mache ich nicht richtig", „Das kann ich nicht" oder ähnliche kritische Gedanken können auftauchen. Nehmen Sie diese wahr, erkennen Sie, dass Sie sich gerade im narrativen Schaltkreis befinden, und richten Sie Ihre Aufmerksamkeit dann wieder auf Ihre direkte Erfahrung.

★ Gehen Sie mit einer gewissen Verspieltheit an diese Übung heran. Wenn Ihnen die Übung anfangs schwerfällt, vertrauen Sie einfach darauf, dass es mit der Zeit immer leichter wird.

WENN ES WIE VON ALLEIN LÄUFT

Wenn wir in Bestform sind, haben wir die Kontrolle über unser Handeln und alles scheint sich mit Leichtigkeit zu fügen. Die Zeit steht still, wir sind voller Energie und gehen ganz in unserer Tätigkeit auf. Störungen von außen oder aus unserem Inneren lenken uns nicht ab. Diesen Zustand, in dem alles wie von allein läuft, nennt man auch Flow – ein Begriff, den Mihaly Csikszentmihalyi in seinem Buch *Flow: Das Geheimnis des Glücks* prägte.

Der Psychologe Martin Seligman beschreibt den Flow als eine von drei wesentlichen Triebkräften des menschlichen Glückszustandes. Wenn wir im Flow sind, passen unsere Fähigkeiten zur aktuellen Aufgabe, und weil wir in etwas gut sind, verankern sich diese Fähigkeiten im Routinezentrum des Gehirns (in den Basalganglien) und erfordern nur noch geringen Aufwand. Der Flow ist der optimale Zustand zwischen der Übererregung des präfrontalen Cortex und seiner Untererregung (Langeweile). Er ist der Zustand, in dem wir an der gegenwärtigen Herausforderung wachsen (Seite 25).

Daniel Goleman schreibt in seinem Buch *Konzentriert euch! Eine Anleitung zum modernen Leben*, dass uns die bewusste Konzentration auf eine Aufgabe dabei hilft, in ihr aufzugehen und in den Flow zu kommen. Das würde bedeuten, dass das bewusste Lenken der Aufmerksamkeit und das Ignorieren von Ablenkungen unsere Leistung verbessert. Wir können **unsere Aufmerksamkeit gezielt lenken** und so Flow entstehen lassen.

Ablenkungen ignorieren

Wenn wir Achtsamkeit praktizieren, lernen wir, unsere Aufmerksamkeit ganz gezielt zu steuern und (innerliche und äußerliche) Ablenkungen zu ignorieren, was unsere Konzentrationsfähigkeit verbessert. Je öfter wir das üben, desto besser gelingt es uns – was auch von der Wissenschaft bestätigt wird.

Die Neurowissenschaftlerin Sara Lazar und ihre Kollegen fanden heraus, dass Menschen, die täglich 40 Minuten lang meditieren, in manchen Regionen des rechten präfrontalen Cortex und der rechten Inselrinde eine dickere Hirnrinde entwickeln. Diese Regionen sind für Entscheidungsfindung, Aufmerksamkeit und bewusste Wahrnehmung zuständig. Außerdem gab es einen Zusammenhang zwischen dem Grad der Verdickung und der Meditationserfahrung der Personen.

Wenn Sie regelmäßig Achtsamkeit praktizieren, verbessern Sie dadurch Ihre Fähigkeit, in den Flow zu gelangen. Sie können jederzeit spontan üben, aber am besten pflegen Sie auch außerhalb der Arbeitszeit eine regelmäßige Meditationspraxis.

- Machen Sie in der Arbeit die Übung „Achtsame Minute" (Seite 54).
- Trainieren Sie Ihre Aufmerksamkeit, indem Sie regelmäßig meditieren, etwa mit der Übung „Fokus auf den Atem" (Seite 102).
- Übungen wie „Fokus auf den Atem und den Körper" (Seite 106) helfen Ihnen beim Loslassen von körperlichen Ablenkungen. Die Übung „Klang oder Lärm" (Seite 126) hilft Ihnen, äußere Ablenkungen und störende Geräusche auszublenden.

Wir müssen uns auch entscheiden, worauf wir uns **nicht** konzentrieren wollen. Es wird immer äußerliche und innerliche Ablenkungen geben, die nach unserer Aufmerksamkeit verlangen und uns aus dem Flow reißen. Nutzen Sie hierfür Ihre Fähigkeiten aus der Achtsamkeitspraxis – das Loslassen und das Zurückkehren zu Ihrem Fixpunkt. **Dieses wiederholte Loslassen und Zurückkehren zu einem Fixpunkt ist die Grundlage der Achtsamkeitspraxis.**

GEDANKLICHES ABSCHWEIFEN

Wenn wir in der Arbeit unzufrieden, gelangweilt oder unmotiviert sind, schweifen unsere Gedanken ab. Unsere Aufmerksamkeit ist woanders – wir denken an den Feierabend, an das Wochenende, an den nächsten Urlaub oder an den Traumjob, den wir eines Tages haben werden. Alles ist besser, als in der Arbeit zu sein. Das Problem dabei ist die zugrundeliegende Unzufriedenheit. Sie zeigt sich in unserer Leistung und in unserem Umgang mit Kollegen, Kunden, der Familie und Freunden. **Wir können unseren Job nicht so einfach aufgeben, aber wir können verändern, wie wir ihn wahrnehmen.**

Bei traditionellen buddhistischen Meditationsseminaren trägt jeder Teilnehmer durch seine Mithilfe zum reibungslosen Ablauf bei. Zu den Aufgaben gehören das Reinigen der Toiletten, das Kochen, die Gartenarbeit – einfach alles, was gemacht werden muss. Anfangs gibt es manchmal einen gewissen Widerwillen, etwa gegen das Putzen der Toiletten, aber auch diese Erfahrung kann bereichernd sein, wenn man erkennt, dass die Einstellung gegenüber der Arbeit wichtiger ist als die Tätigkeit selbst.

Wenn wir etwas **bewusst wahrnehmen** und **Neugier und Interesse entwickeln**, bemerken wir vieles, was wir sonst übersehen. Dadurch bekommen wir wieder mehr Interesse an der Sache – und wir entdecken immer mehr.

Wir erkennen, dass unsere Aufmerksamkeit unsere Erfahrung mit vielen neuen Aspekten bereichern kann.

ÜBUNG

- Nehmen Sie Ihren Arbeitsplatz und Ihre Einstellung ihm gegenüber als Gelegenheit zum Praktizieren von Achtsamkeit wahr. Erinnern Sie sich, wie es war, als Sie den Job bekamen. Wie fühlten Sie sich? Können Sie sich wieder in dieses Gefühl hineinfühlen? Können Sie Ihren Arbeitsplatz aus einer neuen Perspektive betrachten? Stellen Sie sich vor, es ist Ihr erster Arbeitstag. Wie fühlen Sie sich?

- Erinnern Sie sich daran, dass Sie bewusst entscheiden können, wie Sie auf Ihre Arbeit reagieren.

- Achten Sie darauf, wenn Sie während der Arbeit mit den Gedanken abschweifen, und holen Sie sich (immer wieder) zurück in den Moment. Identifizieren Sie Ihre fünf schlimmsten Ablenkungen – zum Beispiel essen, plaudern, das Internet, Ihr Smartphone und SMS. Listen Sie alle auf und achten Sie auf den Impuls, sich ihnen hinzugeben. Wenn Sie den Impuls als körperliche Empfindung spüren, etwa als Gefühl von Langeweile, nehmen Sie ihn zur Kenntnis und richten Sie Ihre Aufmerksamkeit auf Ihre Atmung. Verankern Sie sich über Ihren Atem, um dem Impuls zu trotzen. Selbst wenn Sie den Impuls nur kurzfristig ausblenden, schaffen Sie allmählich neue Schaltkreise im Gehirn. Geben Sie also nicht auf!

- Sagen Sie sich, dass Sie ohnehin in der Arbeit sein müssen, also können Sie auch das Beste daraus machen. Das heißt nicht: „Augen zu und durch", sondern vielmehr, dass Sie mit einer anderen Einstellung an Ihre Arbeit gehen. **Was passiert, wenn Sie Ihrer Arbeit Interesse entgegenbringen, anstatt innerlich abzuschalten?**

- Denken Sie daran, dass eine negative innere Haltung Ihre Wahrnehmung beeinflusst. Öffnen Sie sich allen Erfahrungen – den schönen, den unangenehmen und den langweiligen.

- Konzentrieren Sie sich auf Ihre gegenwärtige Aufgabe (selbst wenn Sie keine Lust haben). Nehmen Sie wahr, wie sich das auswirkt.

- Betrachten Sie diese Übung als Experiment: Legen Sie einen Anfangs- und einen Endtag fest – der Zeitraum sollte lang genug sein, um einen Unterschied zu merken. Nehmen Sie sich das Experiment bewusst vor und ziehen Sie es durch. Wenn Sie es nicht schaffen, beginnen Sie einfach wieder von vorn. Versuchen Sie, nicht zu werten. Evaluieren Sie am Ende des Experiments Ihre Gefühle gegenüber Ihrem Job.

LERNEN SIE IHR GEHIRN KENNEN

Es ist bekannt, dass man nach zu viel körperlicher Aktivität erschöpft ist. Die meisten von uns würden wohl nicht einen ganzen Tag mit Sport vollpacken, denn wir kennen unsere körperlichen Grenzen. An unser Gehirn denken wir jedoch meist nicht. Dabei benötigt der präfrontale Cortex, jener Bereich des Gehirns, der Entscheidungen trifft und andere komplexe Funktionen ausführt, eine Menge Energie – viel mehr als die automatischen Routinefunktionen.

Sind die Energieressourcen des Gehirns aufgebraucht, greift es auf automatische Denkweisen zurück, da diese weniger Energie erfordern. Dann neigen wir dazu, in gewohnte Denk- und Verhaltensmuster zu verfallen. Oft tun uns diese Muster aber nicht gut. Außerdem helfen uns alte Denkmuster nicht bei der Ausarbeitung neuer Strategien, etwa um ein neues Produkt zu entwickeln oder ein Projekt erfolgreich abzuschließen.

Wenn wir begreifen, dass unsere komplexen Gehirnfunktionen begrenzte Ressourcen sind, können wir überlegen, wie wir sie am besten nutzen sollen. David Rock betont in seinem Buch *Brain at Work*, wie wichtig der sparsame Umgang mit den Ressourcen des Gehirns ist, und empfiehlt daher Folgendes:

- Planen Sie Ihre Aufgaben nach dem Grad der Aufmerksamkeit, die sie erfordern. Beginnen Sie jeden Arbeitstag mit dem Ermitteln der allerwichtigsten Aufgaben, da dazu ein hohes Maß an Entscheidungsfähigkeit benötigt wird.

- Gleichzeitig mehrere Aufgaben im Kopf zu behalten, wirkt geistig erschöpfend. Zwei bis drei sind ideal, aber je weniger, desto besser. Schreiben Sie daher alles auf Ihre To-do-Liste und sparen Sie sich die Energie.

- Denken Sie an Ihre Aufgaben für den Tag (E-Mails, Anrufe, Meetings, Gespräche mit Mitarbeitern oder Kunden). Planen Sie Aufgaben, die ein höheres Maß an Konzentration oder Entscheidungsfähigkeit erfordern, zeitlich so, dass Sie sich geistig noch leistungsfähig fühlen. Und vergessen Sie nicht: Eine neue oder kreative Aufgabe erfordert mehr Gehirnleistung als eine Routinetätigkeit.

- Machen Sie ähnliche Aktivitäten hintereinander. So werden die Ressourcen Ihres Gehirns sparsamer genutzt. Wenn Sie ständig zwischen unterschiedlichen Aufgaben hin- und herwechseln müssen, wirkt das eher ablenkend.

- Planen Sie Auszeiten ein, in denen Ihr Gehirn sich ausruhen und neu organisieren kann. Auch eine Routineaufgabe kann eine Auszeit sein – zum Beispiel das Aufräumen des Schreibtischs.

Achten Sie darauf, wie Ihre Aufmerksamkeit im Laufe des Arbeitstags immer wieder steigt und schwindet. Notieren Sie sich verschiedene Aktivitäten, Tageszeiten und den Grad und die Dauer Ihrer Aufmerksamkeit sowie andere Beobachtungen. Machen Sie das eine Woche lang, um etwaige Muster in Ihrer Aufmerksamkeit und Ihrer Leistung zu erkennen.

Setzen Sie einige der obengenannten Strategien um und verwenden Sie dabei die Informationen, die Sie gesammelt haben. Behalten Sie diese Neugier und Experimentierfreude bei. Was haben Sie herausgefunden? Wie können Sie Ihr Gehirn bestmöglich nutzen?

„Ihre Fähigkeit, wichtige Entscheidungen zu treffen, ist eine begrenzte Ressource. Gehen Sie mit ihr daher möglichst sparsam um."

David Rock, *Brain at Work*

GEFÜHLE BENENNEN

Während des Meditierens merken wir meist gleich zu Beginn, wie hektisch unser Geist ist und wie unsere Aufmerksamkeit ständig von Gedanken, Gefühlen und körperlichen Empfindungen beansprucht wird. Wir sind völlig davon eingenommen. Eine Metapher, die manchmal dafür verwendet wird, ist ein Flugzeug, das über den Himmel fliegt. Die Wolken sind die Gefühle, die uns umgeben, und unsere Sicht ist durch sie eingeschränkt.

Wenn uns unser Erleben nicht gefällt, versuchen wir oft, es zu verdrängen. Das kostet das Gehirn ziemlich viel Energie, die uns dann für unsere eigentlichen Aufgaben fehlt. Wir merken zum Beispiel, wie unsere Gedächtnisleistung nachlässt. Wenn die Ressourcen des Gehirns ausgebeutet werden, fällt es auf die niedrigste Funktionsweise zurück – den Automatikmodus, in dem wir passiv reagieren, anstatt bewusst zu entscheiden.

Umgang mit Gedanken und Gefühlen

Um mit Ablenkungen – etwa mit unseren Gedanken – besser umzugehen, können wir sie benennen. Zum Beispiel mit Überbegriffen wie „Denken", „Planen", „Grübelei" oder „Sorgen". Am besten verwendet man eher grobe Kategorien, sonst ist man vielleicht zu sehr damit beschäftigt, einen präzisen Begriff für den jeweiligen Zustand zu finden.

Auch Gefühle sollte man benennen, etwa: „Die Sorgen sind da." Das Benennen schafft einen gewissen Abstand vom Geschehen. Wir sind wie das Flugzeug, aber wir fliegen über den Wolken. Die Wolken (Gefühle und Gedanken) sind immer noch da, aber wir haben uns ein Stück weit von ihnen entfernt. Von unserer neuen Perspektive als Beobachter aus fällt es uns leichter, sie als vorüberziehende Ereignisse zu betrachten, anstatt uns mit ihnen zu identifizieren.

ÜBUNG

- Wenn Sie das nächste Mal bemerken, dass Sie in einem bestimmten Problem oder Gefühl feststecken, benennen Sie es – zum Beispiel als „Stress" oder „Angst". Machen Sie bei Bedarf die Übung „Füße auf dem Boden" (Seite 47), um sich wieder im gegenwärtigen Moment zu verankern.

- Diese Übung ist keine Sofortlösung. Manche glauben, das Benennen eines Gefühls lässt es wie durch Zauberhand verfliegen. Leider ist das aber nicht so einfach. Wie bei allen Achtsamkeitspraktiken geht es auch hier darum, mit negativen Gefühlen umzugehen, anstatt sie loszuwerden – was zwar auch funktionieren kann, aber nicht muss. Daher versuchen wir zudem, uns von allen Erwartungen bezüglich des Ergebnisses zu lösen.

Der Forschung zufolge aktiviert das Benennen von Gefühlen jenen Bereich des präfrontalen Cortex, der die automatische Reaktion der Amygdala blockiert, die mit negativem Denken und emotionalen Reaktionen assoziiert wird. **Das Benennen unterbindet so das Entstehen einer negativen Einstellung.**

Es gibt einen Unterschied zwischen dem Benennen von Gefühlen und dem Nachdenken über sie. Das Benennen ist eine kurze, symbolische Handlung. Wir analysieren unsere Gefühle nicht, denn daraus entsteht schnell Grübelei. Das Benennen ermöglicht uns den Umgang mit den Gefühlen: Wir verankern uns über den Atem, während wir unsere aufkommenden Gedanken oder Gefühle beobachten. Wir erkennen, dass das Gefühl oder der Gedanke nur ein Teil unseres Erlebens ist, so wie auch der Atem ein Teil davon ist.

Hat uns ein Gefühl überwältigt, ist es schwieriger, es loszulassen. Je öfter Sie üben, sich Ihre Gefühle bewusst zu machen, desto leichter werden Sie mit ihnen fertig. Das gelingt Ihnen, wenn Sie sich mit Ihrem Körper vertraut machen. Spüren Sie Ihren Körper bewusst, wenn Sie unterschiedliche Gefühle empfinden – wenn Sie glücklich, traurig, wütend oder frustriert sind.

STIMMUNG UND SICHTWEISE

Stellen Sie sich folgendes Szenario vor:

Susan hatte am Abend Streit mit ihrem Partner. Obwohl es in der Arbeit zu Entlassungen kommen könnte, wollte er eine Reise buchen, was Susan finanziell für nicht tragbar hält. Am Morgen ist die Stimmung immer noch angespannt und Susan fühlt sich schlecht, weil sie sich nicht versöhnt haben. In der Arbeit sieht Susan ihren Kollegen Peter, der mit einem zufriedenen Gesichtsausdruck aus dem Büro des Chefs kommt. Dann bittet ihr Chef sie in sein Büro, gibt ihr Feedback zu einem Projekt – Susan habe für ihren ersten Versuch gute Arbeit geleistet – und macht Verbesserungsvorschläge. Später fragt Peter Susan, wie es gelaufen sei. Susan sagt, dass der Chef nicht zufrieden war, und fragt Peter, wie sein Gespräch verlaufen sei. Peter antwortet, dass der Chef total zufrieden war und sie über Verbesserungsmöglichkeiten für das nächste Projekt gesprochen haben. Susan weiß, welcher Druck auf der Firma lastet, und fragt sich, ob ihr Chef Mitarbeiter entlassen muss. Vielleicht war das Projekt ein Test und sie hat ihn nicht bestanden. Sie fragt sich, was passieren würde, wenn ihr Partner und sie ihre Jobs verlieren würden. Kein Urlaub! Und was wird aus der Hypothek? Plötzlich sieht sie ein Leben voller überfälliger Rechnungen vor sich. Sie stellt sich vor, wie das Haus gepfändet wird, ihre Beziehung in die Brüche geht und sie als alleinerziehende Mutter wieder bei ihren Eltern einziehen muss.

Dieses Katastrophendenken kommt sehr häufig vor. Unsere Stimmung beeinflusst unsere Sichtweise auf ein Ereignis. Susan war wegen des Streits mit ihrem Partner schlecht gelaunt und fühlte sich ohnehin unsicher aufgrund des möglichen Stellenabbaus. Sie ging mit einem ängstlichen Gefühl in das Gespräch mit ihrem Chef und konzentrierte sich daher auf die Kritik, ohne das positive Feedback wahrzunehmen. Unsere Stimmung beeinflusst nicht nur unsere Sichtweise, unser Gehirn ignoriert auch Informationen, die diese Sichtweise nicht bestätigen. Wenn wir gestresst sind, nehmen wir nur das wahr, was unsere Interpretation des Geschehens bekräftigt. Das regelmäßige Praktizieren von Achtsamkeit macht uns dieses Kopfkino bewusst. Je aufmerksamer wir unser Erleben wahrnehmen, desto leichter können wir Stimmungen identifizieren und die vielen Gelegenheiten zur Anwendung von Achtsamkeit erkennen.

Denken Sie darüber nach, was die zehn häufigsten Filme in Ihrem Kopfkino sind. Wenn wir erkennen, dass diese Gedanken in Dauerschleife abgespult werden, wird uns bewusst, dass es nur Geschichten sind. Machen Sie sich klar, dass Ihre Stimmung Ihre Sichtweise beeinflusst. Akzeptieren Sie Ihre Stimmungen, besonders die schlechten, prüfen Sie Ihre Sichtweise und erwägen Sie mögliche andere Interpretationen des Geschehens.

Nehmen Sie wahr, wie schnell ein negativer Gedanke außer Kontrolle geraten kann. Sobald Sie ihn bemerken, sagen Sie: STOPP! Richten Sie Ihre Aufmerksamkeit auf Ihre Atmung und kehren Sie zu ihr zurück, wenn Ihre Gedanken Sie ablenken.

Ist Ihre Stimmung schlecht, **akzeptieren Sie das.** Überlegen Sie, was Sie sich Gutes tun könnten. Manchmal hilft ein Wechsel der Perspektive, etwa der Blick aus dem Fenster. Im Gespräch mit Freunden können Sie sich andere Meinungen einholen. Achten Sie dabei auf Ihre Version der Geschichte. Was heben Sie hervor? Können Sie das Erlebnis auch neutral erzählen?

STIMMUNG UND SICHTWEISE

DIE TYRANNEI DES PERFEKTIONISMUS

Wir sind oft selbst unser schlimmster Sklaventreiber – wir fordern mehr und erwarten mehr Leistung von uns selbst, als wir sie je von unseren Kollegen erwarten würden. Die schlechte Nachricht für alle Perfektionisten: Sie werden nie perfekt sein. Sie werden immer den Eindruck haben, dass Sie noch mehr leisten oder noch härter arbeiten könnten.

Die ständige Selbstkritik und die unerfüllbaren Erwartungen sind ermüdend und schaden unserem Selbstvertrauen. Der Wunsch nach Perfektion ist oft nur der Versuch, die Kontrolle zu behalten. Aber das Leben und vor allem das Arbeitsleben werden wir nie unter Kontrolle haben. Wenn wir spüren, dass wir die Kontrolle über etwas verlieren, strengen wir

ÜBUNG

Achten Sie auf Momente, in denen Sie sich unter Druck fühlen – vielleicht wenn Sie an ein bestimmtes Projekt oder ganz generell an die Arbeit denken?

★ Welche Gedanken haben Sie?

★ Was ist Ihre eigene Interpretation dieses Moments und Ihrer Rolle?

★ Welche Gefühle haben Sie?

★ Welche körperlichen Empfindungen nehmen Sie wahr?

Seien Sie neugierig. Was entdecken Sie? Steht das alles in Verbindung mit bestimmten Aufgaben oder Zeiten? Wie verhalten Sie sich jetzt anderen gegenüber – und wie sich selbst? Schalten Sie einen Gang zurück oder machen Sie sich noch mehr Druck? Wie beeinflusst Sie das außerhalb der Arbeit – im Hinblick auf Schlaf, Essgewohnheiten und soziale Aktivitäten? Machen Sie sich Notizen, um zu erkennen, welchen Mustern Sie folgen.

uns noch mehr an. Aber wie auf einem Laufband, das immer schneller wird, können wir nur anfangs noch mithalten – irgendwann stolpern wir.

Sobald wir ein bestimmtes Verhalten bewusst wahrnehmen, können wir viel besser damit umgehen. Wenn Sie lernen, das Gefühl des Drucks zu erkennen (siehe Übung auf der vorherigen Seite), können Sie es in Zukunft rechtzeitig bemerken und entsprechend handeln: Halten Sie inne, nehmen Sie das Gefühl wahr und richten Sie Ihre Aufmerksamkeit auf Ihr Erleben. Achten Sie besonders auf Ihre Gedanken und Ihre Motive und hinterfragen Sie sie oder betrachten Sie sie aus einer anderen Perspektive. Machen Sie die Übung „Atemraum" (Seite 78) und holen Sie sich vom automatischen Tun-Modus zurück in den Sein-Modus, in dem wir klug handeln.

Mithilfe von Übungen wie „Fokus auf den Atem" (Seite 102), „Fokus auf den Atem und den Körper" (Seite 106) oder „Die Wogen glätten" (Seite 128) lernen wir, Veränderungen leichter anzunehmen. Wir lernen, **den Wunsch nach Kontrolle über unser Erleben loszulassen** und stattdessen zu akzeptieren, was ist – auch die Aspekte, die uns nicht gefallen. Das Konzentrieren auf die Atmung und den Körper ist dabei wie ein Anker, der verhindert, dass wir von unseren Gefühlen und Gedanken mitgerissen werden.

Die Fähigkeiten, die wir bei der formellen Meditation lernen, lassen sich so auf den Arbeitsplatz übertragen. Wir erinnern uns, dass **unsere Gedanken keine Tatsachen sind, die wir als wahr hinnehmen müssen.** Bei der Meditation üben wir das Zurückholen des abschweifenden Geistes ohne Kritik und Ablehnung. Das Loslassen der ständigen Selbstkritik ist dabei genauso wichtig wie das Lenken der Aufmerksamkeit.

Es hilft auch, wenn wir uns daran erinnern, dass alles gut genug ist. Das bedeutet nicht, dass wir in einem schlechten Job verbleiben sollen, es geht nur darum, anzuerkennen, dass unsere gegenwärtigen Möglichkeiten Grenzen haben. Am Arbeitsplatz geht es darum, alle Ressourcen angemessen zu verteilen, und das gilt auch für unsere eigenen Ressourcen. Nutzen Sie Ihre Ressourcen klug und gehen Sie sparsam mit ihnen um, denn nur dann werden sie Ihnen gute Dienste leisten.

EINEN ATEMRAUM SCHAFFEN

Bei dieser Übung handelt es sich um eine Minimeditation, die besonders für den Arbeitsplatz geeignet ist. Man kann sie jederzeit und an jedem Ort machen, ohne dass andere etwas davon mitbekommen. Sie besteht aus drei Schritten und holt Sie zurück in den gegenwärtigen Moment – sodass Sie vom Tun-Modus wieder in den Sein-Modus wechseln, ohne dabei Ihre Gefühle zu verdrängen.

Schritt 1: Nehmen Sie wahr, wie Sie sich fühlen, und akzeptieren Sie, was Sie herausfinden. Achten Sie auf Ihre Gedanken, Gefühle und körperlichen Empfindungen (Kopf/Herz/Körper). Dieses aufrichtige Annehmen ist sehr wichtig. Vielleicht sind Ihnen die aufsteigenden Gedanken oder Gefühle unangenehm, aber sie sind nun einmal da. Nur wenn wir unseren Ausgangspunkt kennen, können wir uns weiterentwickeln.

Schritt 2: Richten Sie Ihre Aufmerksamkeit auf Ihren Atem. Dorthin, wo Sie ihn am stärksten spüren – im Bauch, im Brustkorb oder auch an den Nasenlöchern oder der Oberlippe. Nehmen Sie die Dauer des Einatmens wahr, dann die Pause, bevor das Einatmen zum Ausatmen wird, und zuletzt das Ausatmen. Es kann hilfreich sein, dabei in Gedanken zu wiederholen: „Einatmen, ... ausatmen."

Schritt 3: Dehnen Sie Ihre Aufmerksamkeit auf den Körper aus, auf die Füße auf dem Boden, vielleicht auch auf die Geräusche und Gerüche im Raum. Dehnen Sie Ihre Aufmerksamkeit immer weiter aus.

Unser Atem gibt uns Raum. Ich stelle mir die Gedanken und Gefühle oft als ein wirres Wollknäuel vor, das so verknotet ist, dass man die einzelnen Stränge und Farben nicht mehr auseinanderhalten kann. Der Atem löst die Knoten langsam und lässt Licht, Luft und Platz hinein. Die Wolle ist zwar noch verknäuelt, aber wir erkennen wieder einzelne Stränge, Farben und Strukturen.

Genauso geht es uns, wenn wir unsere Aufmerksamkeit auf unser Erleben richten. Anstatt nur „Wut" oder „Traurigkeit" zu sehen, erkennen wir die einzelnen Bestandteile – Übelkeit im Bauch, Verspannungen im Nacken, Herzklopfen, geballte Fäuste oder zusammengebissene Zähne. Wir erkennen bestimmte Gedanken: „Ich werde meinen Job verlieren." Oder: „Wegen meines Fehlers haben wir den Auftrag nicht bekommen." Wir bemerken Wut, aber vielleicht auch Angst oder andere Gefühle. Unser Erleben so wahrzunehmen, ist wie das Auspacken eines Koffers: Der Inhalt bleibt der gleiche, aber wir sehen die einzelnen Teile viel besser.

Die Übung „Atemraum" eignet sich gut zum häufigen Üben. Am besten kombinieren Sie diese Übung mit einer Aktivität, die Sie ohnehin machen, etwa mit einer Mahlzeit, einer Fahrt im Aufzug oder der Kaffeepause. Wichtig ist nur, dass es etwas ist, das Sie regelmäßig tun. Selbst wenn Sie die Übung manchmal vergessen, fällt sie Ihnen dank des festen Einplanens irgendwann wieder ein. Und je öfter Sie einen Atemraum schaffen, desto häufiger werden Sie daran denken.

In schwierigen Zeiten

Auch in schwierigen Zeiten, wenn wir uns gestresst oder verängstigt fühlen, können wir uns einen Atemraum schaffen. Beim Konzentrieren auf unsere Atmung sagen wir uns dann: „Alles ist in Ordnung. Ich bin in Ordnung." Diese Art der „Selbstberuhigung" ist ein bisschen wie das Trösten eines weinenden Kindes. Die Situation ist zwar nicht in Ordnung, aber es ist in Ordnung, traurig, aufgewühlt oder verängstigt zu sein. Wir umgeben unsere Gefühle mit Liebe und Verständnis, während wir atmen.

Wir können uns auch fragen: „Was ist das Beste, das ich jetzt tun könnte?" Vielleicht sollten Sie sich aus der Situation befreien oder sich selbst etwas Gutes tun. Vielleicht brauchen Sie ein Gespräch mit einem Freund oder Kollegen. Vielleicht möchten Sie gar nichts tun, bis Sie eine bessere Vorstellung von der besten Vorgangsweise haben. Was es auch ist – es ist das Ergebnis der ganz bewusst gestellten Frage: „Was kann ich tun, damit es mir besser geht?"

KAPITEL DREI

ARBEITEN MIT ANDEREN

In der Arbeit geht es um Beziehungen. Beziehungen zu Kollegen, Kunden, Dienstleistern und Lieferanten bilden das Fundament und können sich wesentlich auf die Qualität der erbrachten Arbeit – und auf die Zufriedenheit aller Beteiligten – auswirken. Je bewusster wir diese Beziehungen und unseren Umgang mit ihnen wahrnehmen, desto besser geht es allen Beteiligten damit.

Kate fand zur Achtsamkeit, weil sie sich ständig über ihre Kollegen ärgerte. Als sie anfing, an ihrem Arbeitsplatz Achtsamkeit zu praktizieren, fiel ihr eine Person auf, die sie immer in Rage brachte, und dieser Ärger hielt noch lange nach der Begegnung mit dieser Person an. Kate schilderte einen Vorfall mit der betreffenden Person wie folgt:

„Als ich anfing, Achtsamkeit zu praktizieren, nahm ich nie irgendwelche körperlichen Empfindungen wahr. Erst kürzlich merkte ich, dass mir ganz heiß wird, wenn ich mich ärgere. Nun wird es mir bewusst, wenn es geschieht, und ich kann Abstand nehmen und das Gespräch lenken. Vor kurzem fielen mir bei einem Treffen mit dieser Person plötzlich positive Aspekte an ihr auf, zum Beispiel ihr hübsches, freundliches Gesicht. Früher sah ich sie immer nur als „die Schwierige". Jetzt erkenne ich mehr – ich sehe auch das Gute. Ich praktiziere Achtsamkeit erst seit ein paar Wochen und merke bereits, dass ich gütiger und mitfühlender bin. Und mir sind meine eigenen Schwächen bewusst geworden."

Die Güte und das Mitgefühl entwickelten sich aus Kates Achtsamkeitspraxis. Aufgrund der regelmäßigen, bewussten Beschäftigung mit ihrem Körper während der Meditation nahm sie ihn besser wahr. Das wiederum half ihr, aktiv zu handeln. Kates Verhalten änderte sich – und damit auch die Reaktion der anderen. Es braucht Geduld, aber durch regelmäßige Praxis stellen sich bald erste Veränderungen ein, die zum Weitermachen anregen.

IM GESPRÄCH MIT ANDEREN

Im Gespräch mit anderen verfolgen wir oft unsere eigenen Interessen – nicht unbedingt auf eine bewusst manipulative Art, sondern weil wir uns ein bestimmtes Ergebnis erwarten. Dadurch haben wir oft eine einseitige Sichtweise und sind für mögliche Alternativen nicht empfänglich. Das Gespräch fühlt sich so für alle Beteiligten unbefriedigend an. Es gibt aber auch eine andere Möglichkeit: Was wäre, wenn wir ganz bewusst und aufmerksam zuhören und erst dann reagieren würden?

Oft stellen wir Vermutungen an, was die andere Person sagen wird, und überlegen uns im Voraus oder während die andere Person noch spricht eine Antwort. Das heißt, dass wir oft nicht wirklich zuhören. Machen das alle Teilnehmer eines Gesprächs, entsteht kein sinnvoller Dialog. Denn dann geht es meist nur darum, wer seine Ansichten am lautesten vertreten kann.

Wenn wir uns vornehmen, aufmerksam zuzuhören, hören wir mit allen Sinnen zu. Wir hören viel mehr, da wir nicht nur auf die Worte, sondern auch auf die Körpersprache unseres Gegenübers achten. **Wenn wir auf unseren Körper achten und wahrnehmen, was wir spüren, antworten wir eher aus dem gegenwärtigen Moment heraus auf das, was tatsächlich gesagt wird, anstatt automatisch auf das zu reagieren, was wir zu hören glauben oder erwarten.** Wir antworten auch eher aufrichtig, da wir uns unserer eigenen Gefühle zum Thema bewusst sind. Wenn man zuhört, hinterlässt das Gespräch auch dann einen positiven Eindruck, wenn das Ergebnis anders ausfällt als erhofft.

ÜBUNG

★ Denken Sie vor einem Gespräch über Ihre Motive nach. Welche sind das?

★ Verankern Sie sich, indem Sie Ihre Füße auf dem Boden und Ihren Körper auf dem Stuhl wahrnehmen und richten Sie Ihre Aufmerksamkeit sanft auf Ihre Atmung. **Das regelmäßige Überprüfen Ihrer Empfindungen verankert Sie im gegenwärtigen Moment.**

★ Hören Sie wirklich zu, wenn die andere Person spricht. Achten Sie auf ihre Worte und ihre Körpersprache. Nicht immer passt das Gesagte zu den Signalen, die der Körper aussendet.

★ Nehmen Sie Ihr eigenes Erleben während des Gesprächs und vor allem während des Zuhörens bewusst wahr. Welche Gedanken, Gefühle und körperlichen Wahrnehmungen haben Sie? Beobachten Sie vor allem, worauf Sie reagieren oder ob Sie Unwillen oder inneren Widerstand verspüren. **Besinnen Sie sich zwischendurch immer wieder auf Ihren Körperanker.**

★ Achten Sie darauf, ob Sie die andere Person unterbrechen oder Ihre „Sicht der Dinge" vorbringen wollen. Widerstehen Sie diesem Drang, indem Sie sich bewusst verankern.

★ Halten Sie kurz inne, wenn die andere Person zu Ende gesprochen hat, und sammeln Sie sich, bevor Sie antworten.

★ Behalten Sie Ihre Motive im Hinterkopf und antworten Sie auf das, was die Person tatsächlich gesagt hat – und nicht auf das, was Sie zu hören erwartet haben.

★ Es ist auch in Ordnung, nichts zu sagen und Stille zuzulassen.

★ Hören Sie weiter aufmerksam zu, achten Sie auf Ihr eigenes Erleben und besinnen Sie sich immer wieder auf Ihren Körperanker.

★ **Kritisieren Sie sich nicht, falls Sie den Sprechenden einmal versehentlich unterbrechen.**

★ Wiederholen Sie die beiden letzten Schritte immer wieder.

Achtsames Zuhören ist nicht einfach, denn Ihre Gefühle können das Gespräch sehr schnell an sich reißen. Haben Sie Geduld und betrachten Sie diese Übung als anhaltenden Lernprozess. Sie werden merken, dass auch Ihre Stimmung Einfluss auf das Gelingen dieser Übung hat. Denken Sie daran, wenn Sie ein schwieriges Gespräch führen müssen. Vielleicht können Sie anfangs nur für kurze Zeit achtsam zuhören – mit Vorsatz und etwas Übung wird es Ihnen aber immer leichter fallen.

AUFMERKSAM ZUHÖREN

Aufmerksames Zuhören kann schwierig sein, besonders wenn Ihr Gegenüber über eine schmerzhafte Erfahrung spricht. In manchen Jobs, etwa in Pflege- und Sozialberufen, betreut man täglich Menschen, die leiden. Dafür muss man speziell ausgebildet sein.

Aber auch wenn wir einen anderen Beruf ausüben, haben wir manchmal Kontakt mit Menschen, denen es schlecht geht, und oft wissen wir nicht, wie wir ihnen helfen sollen. Manchmal fühlen wir uns unwohl, wenn wir vom Leid eines anderen hören. Vielleicht weckt das in uns Gefühle, die wir nicht mögen. Wir fühlen uns befangen und überlegen, was wir wohl sagen oder tun sollen. Wir wollen die Situation schließlich nicht verschlimmern. Manchmal können wir Lösungen anbieten. Für viele Probleme gibt es aber keine Lösung und manchmal möchte der Sprechende einfach nur, dass ihm jemand zuhört. Durch Achtsamkeit können wir für die Person da sein, ohne dass uns das Gehörte belastet. Um mit dem Leid anderer umgehen zu können, muss man gegenwärtig und verankert sein. Diese Eigenschaft entwickeln Sie, indem Sie regelmäßig meditieren (Seiten 102–109).

ÜBUNG

- Verankern Sie sich über Ihren Körper im gegenwärtigen Moment.

- Hören Sie zu. Hören Sie wirklich zu. Achten Sie auf Reaktionen in Ihrem Körper. Ihre Atmung hilft Ihnen, in der Gegenwart verankert zu bleiben.

- Lassen Sie die andere Person entscheiden, wie viel sie preisgeben möchte oder ob sie überhaupt reden möchte. Üben Sie keinen Druck aus.

- Geben Sie der anderen Person Freiraum und Möglichkeiten. Möchte sie überhaupt in Ihrer Gesellschaft sein? Wäre sie lieber allein oder bei einer anderen Vertrauensperson?

- Achten Sie darauf, wenn Sie den Drang verspüren, zu unterbrechen und das Problem zu „lösen". Halten Sie sich mithilfe Ihrer Atmung und Ihres Körpers zurück und reflektieren Sie das, was Ihnen gesagt wird (etwa so: „Das klingt, als ob du …").

- Unterbrechen Sie die Person nicht mit dem Satz „Ich weiß genau, wie du dich fühlst" oder indem Sie das Erzählte mit einem noch schlimmeren Erlebnis „übertrumpfen".

- Wenn Sie unsicher sind, was Sie sagen sollen, gestehen Sie das ein, aber geben Sie der anderen Person nicht das Gefühl, dass sie Sie aufheitern sollte.

- Achten Sie auf Ihr empfundenes Erleben, Ihre Gedanken, Gefühle und Sinneswahrnehmungen und atmen Sie mit ihnen. Verankern Sie sich mit Ihren Füßen am Boden.

- Wenn Gefühle wie Frust oder Ungeduld auftauchen, nehmen Sie sie im Stillen wahr und konzentrieren Sie sich auf Ihre Atmung.

- Atmen Sie das Leid und den Schmerz der anderen Person bewusst ein und lassen Sie beim Ausatmen Frieden, Gelassenheit oder andere hilfreiche Gefühle herausströmen. Das hilft, sich nützlich zu fühlen, wenn man hilflos ist.

- Nehmen Sie sich ein paar Momente Zeit, um in sich hineinzuspüren, wenn Sie wieder allein sind. Tun Sie etwas für sich, das Ihnen guttut.

SCHWIERIGE MENSCHEN

Am Arbeitsplatz wird es immer Menschen geben, über die wir uns ärgern. Manchmal wissen wir, warum, oft wissen wir es nicht. Die anderen nerven uns einfach und wir reagieren negativ auf sie. Das kann für uns jedoch auch persönliche und berufliche Konsequenzen haben. Wenn wir eine negative Erfahrung mit jemandem machen, gibt uns das ein ungutes Gefühl. Wir spielen den Vorfall noch unzählige Male im Kopf durch und jedes Mal ist es so, als erlebten wir ihn erneut – körperlich und emotional.

Wenn die schwierige Person ein Teammitglied oder Kunde ist oder jemand, den wir häufig sehen, kann ein verkrampfter Umgang miteinander zu Spannungen führen, die weite Kreise ziehen können: Vielleicht schließen Sie ein Geschäft nicht ab oder ein talentierter Kollege verlässt das Team, anstatt in so einem Umfeld zu arbeiten. Vielleicht nennt man Sie einen Störenfried.

Gibt es jemanden an Ihrem Arbeitsplatz, der Ihnen Probleme bereitet? Wenn ja, fangen Sie nicht bei dieser Person, sondern bei sich selbst an. Wenn wir im Automatikmodus sind, reagieren wir emotional. Je stärker wir uns im gegenwärtigen Moment verankern, desto seltener werden solche Ausbrüche. Dabei hilft uns, wenn wir so oft wie möglich Achtsamkeit praktizieren, etwa mithilfe der Übungen in diesem Buch. Einige Übungen können Sie sogar im Moment der Konfrontation mit der betreffenden Person durchführen, ohne dass sie etwas mitbekommt, etwa die „Achtsame Minute" (Seite 54) vor einem Meeting, einem Anruf oder dem Schreiben einer E-Mail oder „Füße auf dem Boden" (Seite 47) während einer persönlichen Begegnung. Diese Übungen verankern Sie im gegenwärtigen Moment und holen Sie aus dem Tun-Modus (in dem Sie emotional reagieren) in den Sein-Modus (in dem Sie bewusst handeln).

Gelegenheit oder Hindernis

Es kann hilfreich sein, die andere Person als Gelegenheit zum Üben anstatt als Hindernis oder Unannehmlichkeit zu betrachten. Seien Sie neugierig und achten Sie darauf, wie sich Ihr Körper während einer Begegnung mit dieser Person anfühlt. Beobachten Sie Unterschiede zwischen persönlichen Begegnungen und E-Mails oder Anrufen. Welche Gedanken bemerken Sie? Was reden Sie sich über die Person ein? Welche Beweise bestätigen Ihre Sichtweise? Wie wirkt sich Ihre Stimmung darauf aus? Sehen Sie Begegnungen mit der Person als Experiment an. Nehmen Sie Ihre Stimmung davor und danach wahr. Wie beeinflusst Sie die Begegnung?

Was können Sie verändern? Wie ist Ihre Körpersprache? Oft verhalten wir uns mit schwierigen Personen anders – in uns ist Widerstand, auf den die Person reagiert. Vielleicht verzichten wir auf Smalltalk à la „Wie war dein Wochenende?", den wir mit anderen Mitarbeitern führen. Solche Gespräche zeigen uns aber, dass auch unsere Kollegen echte, komplexe Menschen sind. Vielleicht entdecken Sie so sogar eine Gemeinsamkeit oder Sie finden heraus, dass es die Person selbst gerade nicht so leicht hat – vielleicht ist ein Familienmitglied krank oder das Haus wird renoviert.

Achten Sie darauf, dass Ihnen Ihr Ego nicht im Weg steht. Gerade in der Arbeit identifizieren wir uns stark mit unseren Aufgaben und unserer Stellung in der Hierarchie und wollen diesen Status bewahren. Vielleicht fühlen wir uns unterschätzt – aber werden wir das wirklich? Was wäre, wenn wir all das loslassen? Behalten Sie Ihr Ego im Auge. Wenn es auftaucht und „Ich! Ich!" schreit, nehmen Sie es wahr und lassen Sie es los.

Gute Beziehungen am Arbeitsplatz sind wichtig, aber Sie müssen eine Person nicht unbedingt mögen, um in der Arbeit gut mit ihr auszukommen.

DIE MACHT DER ABSICHT

Wenn wir die bewusste Entscheidung treffen, uns auf eine bestimmte Weise zu verhalten, gehen wir sofort vom Automatikmodus in den gegenwärtigen Moment über. **Wir entscheiden selbst, wie wir reagieren möchten.** Dennoch kann es passieren, dass wir von unseren Gefühlen überwältigt werden. Aber wenn uns unsere Absichten bewusst sind, geschieht das seltener.

Wenn wir meditieren, fassen wir zuerst die klare Absicht, worauf wir unsere Aufmerksamkeit richten wollen – auf die Atmung, den Körper, die Geräusche um uns herum, unsere Gedanken oder auf das, was uns gerade in den Sinn kommt. Wählen wir die Atmung, entscheiden wir vielleicht noch, wohin genau wir unsere Aufmerksamkeit lenken. Was wir im Zuge der formellen Meditation praktizieren – das Fassen einer Absicht und die bewusste Arbeit mit dieser Absicht –, kann auch im Alltag hilfreich sein.

Unsere Einstellung beachten

Wenn wir in der Arbeit mit anderen Menschen zu tun haben, begegnen wir ihnen oft mit einer bestimmten Einstellung. Wir haben spezielle Erwartungen, gewisse Motive oder einen persönlichen Bereich oder Status, den wir verteidigen möchten – ob im übertragenen Sinne oder buchstäblich. Oft stellt sich uns unser Ego in den Weg und wenn wir negative Einstellungen haben, beeinflussen diese alles andere. Fassen wir bewusst eine ganz bestimmte Absicht, kann das alles verändern.

Stellen Sie sich Folgendes vor: Ein Manager muss aufgrund der Wirtschaftslage einen Mitarbeiter entlassen. Das ist eine unangenehme Aufgabe. Aber wenn der Manager die bewusste Absicht fasst, den Mitarbeiter respektvoll zu behandeln, wird sich das positiv auf das Gespräch mit dem Mitarbeiter auswirken.

Manchmal gehen wir mit einer bestimmten Absicht in ein Meeting, aber unsere Gefühle machen die zuvor gefassten Vorsätze zunichte. Sollte Ihnen das auffallen, lenken Sie Ihre Aufmerksamkeit auf Ihre Füße auf dem Boden (Seite 47) oder auf Ihre Atmung und holen Sie sich in den gegenwärtigen Moment zurück. Erinnern Sie sich an Ihre ursprüngliche Absicht. Halten Sie inne und handeln Sie erst dann entsprechend Ihrer Absicht.

- Finden Sie heraus, was Ihre Absichten sind, wenn Sie mit anderen Menschen persönlich oder per E-Mail oder Telefon kommunizieren. Wollen Sie den anderen verletzen, übertrumpfen oder Ihrem Ärger Luft machen? Falls solche Gefühle Ihre Gedanken und Ihr Verhalten steuern, trüben diese Ihr Urteilsvermögen und es wäre besser, zu warten, bis Sie sich wieder ausgeglichen fühlen. Kritisieren Sie sich nicht für negative Absichten. Nehmen Sie sie wahr und lassen Sie sie dann hinter sich.

- Beginnen Sie Ihren Tag mit einer bestimmten Absicht – zum Beispiel dass Sie freundlich zu allen sind oder dass Sie sich für das Gute in Ihrem Leben öffnen. Wählen Sie, was immer Sie möchten. Sie können Ihren Vorsatz auch notieren – das Niederschreiben bestärkt Sie in Ihrer Absicht.

- Denken Sie am Ende des Tages über das, was Ihnen aufgefallen ist, nach. In ihrem Buch *Den Sprung wagen*, beschreibt Pema Chödrön die Lehren des Dzigar Kongtrül Rinpoche: *„Wenn er bemerkt, dass er während des Tages auch nur einmal kurz nach seinem Vorhaben handelt, verspürt er große Freude. Er sagt auch, wenn er bemerkt, dass er die Verbindung verloren hat, freut er sich über die Fähigkeit, dies zu bemerken ..."*

SCHWINGUNGEN WAHRNEHMEN

Oft sagt man, dass von jemandem eine bestimmte „Schwingung" ausgeht. Manche Menschen geben uns ein gutes Gefühl, andere nicht. Das ist mehr als nur eine intuitive Wahrnehmung, wie Daniel Goleman in seinem Buch *What Makes a Leader* beschreibt: Der Grund dafür liegt im emotionalen Zentrum des Gehirns, im limbischen System. Dieses System ist dafür verantwortlich, dass unsere Interaktion mit anderen unsere Stimmung beeinflusst.

Goleman beschreibt Experimente, bei denen die Körperfunktionen zweier Menschen während eines Gesprächs gemessen und verglichen wurden. Während etwa Puls und Blutdruck zu Beginn des Gesprächs noch unterschiedlich waren, glichen sich die Körper innerhalb von 15 Minuten aneinander an. Selbst von nonverbalen Ausdrucksformen werden wir beeinflusst: Die Person mit dem stärksten Ausdruck prägt die ganze Gruppe. Als weiteres Beispiel beschreibt Goleman ein Experiment von Bartel und Saavedra, bei dem sich in 70 Arbeitsteams aus verschiedensten Branchen innerhalb von zwei Stunden die (guten und schlechten) Stimmungen der Personen aneinander anglichen.

Stimmungswechsel

Wenn wir unser Erleben regelmäßig bewusst wahrnehmen, merken wir, wie schnell sich unsere Stimmung ändern kann. Wir spüren, dass manche Stimmungen bestimmte Empfindungen im Körper erzeugen, und wir können uns mit diesen Signalen vertraut machen und erste Warnzeichen für negative Gemütszustände erkennen.

Denken Sie daran, dass andere Menschen Ihre Stimmung beeinflussen – und Sie die Stimmung anderer. Lassen Sie sich nicht von der Negativität anderer anstecken. Wenn Sie durch Ihre Achtsamkeitspraxis mit den Signalen Ihres Körpers vertraut sind, werden Sie das sofort bemerken und unterbinden – etwa indem Sie sich auf Ihre Atmung konzentrieren. Mithilfe von Übungen wie „Freundliche Gesten" (Seiten 98–99) können Sie außerdem positive Gemütszustände bewusst erzeugen und auf andere übertragen.

DAS KÖRPERBAROMETER

Die Achtsamkeitslehrerin Trish Bartley entwickelte ein Konzept, bei dem Gemütszustände beschrieben werden ähnlich wie ein Barometer das Wetter wiedergibt. Das ist eine hilfreiche Methode, um einen besseren Überblick zu bekommen. Durch die Beobachterperspektive gewinnen wir Abstand zu unseren Gefühlen, sodass sie uns nicht überwältigen. Wenn wir sagen „Die Traurigkeit ist da" oder „Angst kommt auf", ist das nicht so überwältigend wie zu sagen „Ich bin traurig" oder „Ich habe Angst". Wir spüren, dass das Gefühl jetzt da ist, aber es wird auch wieder vergehen. Ganz wie beim Wetter. Achten Sie bei unterschiedlichen Stimmungen auf Ihr Körperbarometer. Machen Sie sich mit den für Sie typischen Empfindungen bei einer bestimmten Stimmung vertraut und entwickeln Sie so Ihr eigenes Frühwarnsystem.

TELEKOMMUNIKATION

Moderne Technologie hat dazu geführt, dass viele von uns virtuell arbeiten, was neue Herausforderungen mit sich bringt. Immer wenn wir mit anderen zusammenarbeiten, stimmen wir unsere Antworten auf deren Rückmeldung ab und passen sie im Verlauf des Gesprächs an. Aufgrund der Funktionsweise unseres Gehirns spiegeln wir die emotionale Reaktion wider, die wir bei anderen sehen und wahrnehmen.

Wenn Sie zum Beispiel ein Kollege anlächelt, wird Ihr Gehirn auf zwei Ebenen aktiviert. Zuerst auf motorischer Ebene, wo die Neuronen stimuliert werden, die Sie zurücklächeln lassen, und dann auf emotionaler Ebene, wodurch in Ihnen ein ähnliches Gefühl ausgelöst wird. Bei einem Telefongespräch funktionieren diese Spiegelneuronen nur über das Gehör und sind für starke (meist negative) Gefühle besonders empfänglich. Diese Interaktion von Körper und Geist ist sehr wichtig – fehlen diese Signale, können wir uns nicht in den Gefühlszustand anderer Menschen hineindenken. Wenn wir mit jemandem ohne persönlichen Kontakt zusammenarbeiten, ist es daher schwierig, angemessen zu reagieren.

In der modernen Arbeitswelt arbeiten wir immer öfter von zu Hause aus und kommunizieren mit Kollegen oder Kunden, die sich an anderen Orten, oft sogar in anderen Ländern befinden, per Web- oder Telefonkonferenz oder mittels anderer Medien. Die Kommunikation von Angesicht zu Angesicht liefert den Beteiligten die meisten Informationen und Signale – das geht auch per Video. Telefongespräche liefern weniger und die wenigsten Signale erhält man per E-Mail. Wenn uns das bewusst ist, können wir unser Verhalten anpassen und je nach Situation das passende Kommunikationsmittel wählen. Nimmt man sich bei einem Konferenzgespräch Zeit, um das Eis mit Smalltalk zu brechen, erzeugt man eine entspanntere Atmosphäre, die einem „echten" Meeting nahekommt und den weiteren Verlauf des Gesprächs positiv beeinflusst.

TELEFONÜBUNG

Das Klingeln des Telefons ist das perfekte Signal, um Achtsamkeit zu üben. Die Pausen zwischen zwei Klingeltönen bieten Ihnen die Gelegenheit, innezuhalten, zu atmen und sich im gegenwärtigen Moment zu verankern. Sehen Sie den Anruf nicht als Unterbrechung, sondern öffnen Sie sich ihm – und der Person am anderen Ende der Leitung.

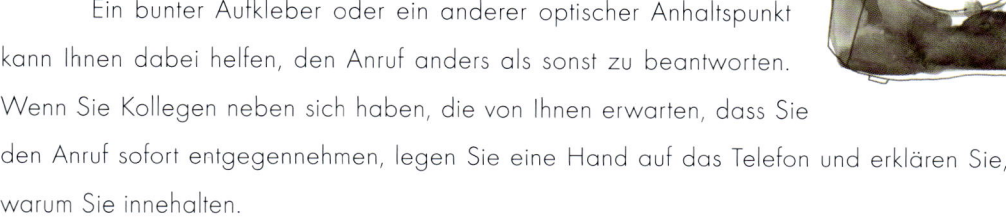

Ein bunter Aufkleber oder ein anderer optischer Anhaltspunkt kann Ihnen dabei helfen, den Anruf anders als sonst zu beantworten. Wenn Sie Kollegen neben sich haben, die von Ihnen erwarten, dass Sie den Anruf sofort entgegennehmen, legen Sie eine Hand auf das Telefon und erklären Sie, warum Sie innehalten.

ÜBUNG

★ Wenn das Telefon klingelt, richten Sie Ihre Aufmerksamkeit auf Ihre Atmung, auf Ihren Körper auf dem Stuhl und auf Ihre Füße auf dem Boden. Beobachten Sie Ihre Gedanken, Gefühle und körperlichen Empfindungen. Atmen Sie ein und aus.

★ Achten Sie darauf, wie Sie sich während des und nach dem Gespräch fühlen, wenn Sie wie gewohnt telefonieren. Achten Sie dann darauf, wie es bei einem achtsam geführten Gespräch ist. Was bemerken Sie? Beeinflusst Ihre Achtsamkeit den Umgang mit dem Anrufer?

★ Denken Sie daran, dass Sie auch während des Gesprächs achtsam sein können. Nutzen Sie Ihre Atmung und das Gefühl Ihres Körpers auf dem Stuhl oder Ihrer Füße auf dem Boden als Anker. Halten Sie vor dem Sprechen inne und atmen Sie (siehe auch „Im Gespräch mit anderen", Seite 82).

★ Diese Übung können Sie selbstverständlich auch durchführen, wenn Sie selbst jemanden anrufen.

E-MAIL-ÜBUNG

Wenn wir per E-Mail kommunizieren, fehlt der persönliche Kontakt ganz. Wichtige Signale, wie der Tonfall, der Gesichtsausdruck oder die Körpersprache des Gegenübers, die wir am Telefon bzw. im persönlichen Gespräch empfangen, fehlen. Erschwerend kommt hinzu, dass unterschiedliche Personen und Firmen nicht immer die gleiche E-Mail-Etikette pflegen.

Wenn Sie zum Beispiel jemand sind, der E-Mails immer mit einer persönlichen Anrede beginnt, empfinden Sie es vielleicht als unhöflich, wenn Sie eine E-Mail erhalten, in der es ohne Anrede gleich zur Sache geht. Das könnte als Befehl interpretiert werden, besonders wenn Sie ohnehin schon schlecht gelaunt oder gestresst sind oder Sie mit der betreffenden Person bereits negative Erfahrungen gemacht haben.

Die heutige global vernetzte Arbeitswelt bietet noch eine weitere Quelle von Missverständnissen: die Kommunikation mit Kollegen, Lieferanten oder Kunden aus dem Ausland, die eine andere Muttersprache sprechen. Kulturelle Unterschiede beeinflussen die

Art, wie wir mit anderen kommunizieren, und verschiedene Sprachen haben unterschiedliche Konventionen, die in einer anderen Sprache verloren gehen können. Ist man sich dieser Unterschiede nicht bewusst, tritt man vielleicht unabsichtlich ins Fettnäpfchen.

E-Mails und Webkonferenzen sind nützliche Hilfsmittel, um mit anderen zu kommunizieren. Aber man muss achtsam mit ihnen umgehen, um keinen Schaden anzurichten.

- Die Verbreitung von Smartphones hat dazu geführt, dass wir auch dann E-Mails schreiben oder beantworten, wenn wir unterwegs oder abgelenkt sind – Multitasking ist aber nicht immer eine gute Idee (Seite 61). Das Lesen auf einem kleinen Smartphone-Bildschirm erschwert zudem das Aufnehmen des Inhalts, besonders wenn es um komplexe Angelegenheiten geht: Es besteht die Gefahr, dass wir etwas Wichtiges übersehen.

- Das Tippen einer E-Mail auf dem kleinen Touchscreen des Handys ist anstrengend und ermüdend. Darum fassen wir uns meist kurz, was als abweisend oder unhöflich gedeutet werden kann.

- Aufgrund der schnellen Kommunikation via E-Mail neigen wir dazu, rasch zu reagieren, anstatt bedacht zu handeln. Aber wenn wir nur reagieren, haben wir nicht die Kontrolle über unser Verhalten.

Wie gehen wir also am besten mit den Tücken der Kommunikation um, ohne unsere Geschäftsbeziehungen zu gefährden und dennoch die Vorteile der globalen Zusammenarbeit zu nutzen? Das Praktizieren von Achtsamkeit lehrt uns viele Methoden, die uns dabei helfen können. Auf den folgenden Seiten finden Sie einige Anregungen.

ÜBUNG

- Gewöhnen Sie sich an, vor dem Antworten innezuhalten. Fragen Sie sich: „Ist nun wirklich die beste Zeit dafür?" Kurze Antworten oder Bestätigungen können Sie auch von unterwegs versenden, aber komplexe oder heikle E-Mails sollten Sie nur schreiben, wenn Sie auch die Ruhe und die Zeit haben, um bedacht zu antworten. Eine schnelle Reaktion mag zwar kurzfristig praktisch erscheinen, vielleicht finden Sie später aber heraus, dass eine überlegtere Antwort besser gewesen wäre.

- Wenn Sie Ihren Körper regelmäßig bewusst wahrnehmen, nehmen Sie die Signale wahr, die er Ihnen durch die Haltung und andere körperliche Empfindungen übermittelt. Diese Signale sagen uns, wie wir auf einen Menschen oder auf eine bestimmte Information reagieren. Ist der Körper angespannt? Wie ist die Schulterhaltung? Welche Gedankennuancen dominieren? Wenn Sie gerade tippen: Schlagen Sie die Tasten sanft oder aggressiv an? Das Körperbewusstsein ist wie eine Alarmglocke, die uns wachrüttelt und achtsam werden lässt.

- Wenn Ihnen Ihr Körper Zorn, Gereiztheit oder Wut signalisiert – wachen Sie auf! Wenn Sie eine zornige E-Mail in die Tasten hauen, schicken Sie sie lieber an sich selbst oder speichern Sie sie als Entwurf. Wenn Sie die E-Mail später neutral betrachten können, sind Sie vielleicht froh, dass Sie sie nicht abgeschickt haben.

- Denken Sie darüber nach, wie Sie mit anderen kommunizieren. Versetzen Sie sich in deren Lage und stellen Sie sich vor, wie Sie sich fühlen würden, wenn Sie so eine E-Mail erhielten. Vermitteln Ihre Worte wirklich das, was Sie sagen wollen, oder könnte man sie auch anders verstehen? Denken Sie an den Empfänger der E-Mail. Wenn Sie mit dessen E-Mails vertraut sind, versuchen Sie, seinen Stil nachzuahmen: Ist er gesprächig und fragt Sie nach Ihrem Wochenende, antworten Sie auf ähnliche Weise.

- Wenn Ihnen bewusst wird, dass Sie nur reagieren, halten Sie inne. Achten Sie auf Ihre Gedanken, Ihre Gefühle und Ihren Körper, bevor Sie Ihre Aufmerksamkeit auf Ihre Atmung oder auf die Füße auf dem Boden lenken. Es kann hilfreich sein, den Arbeitsplatz kurz zu verlassen, in die Küche oder auf die Toilette zu gehen oder mit einem Kollegen zu plaudern. Schaffen Sie etwas Abstand, damit sich die natürliche Entspannungsreaktion des Körpers einschalten kann. Wenn Sie wieder bereit sind, können Sie aus einem anderen Gemütszustand heraus handeln.

- Wenn Sie unterwegs einen Anruf entgegennehmen oder Ihre Arbeits-E-Mails checken, sollten Sie sich bewusst sein, dass Ihr Umfeld einen Einfluss darauf hat, wie Sie das Gelesene oder Gehörte aufnehmen. Wenn Sie gerade bei etwas unterbrochen wurden, fühlen Sie sich vielleicht genervt und übertragen dieses Gefühl auf die berufliche Kommunikation – wo es nicht hingehört. Indem wir regelmäßig Achtsamkeit praktizieren, lernen wir, unsere Gefühle bereits beim Entstehen als Empfindungen im Körper wahrzunehmen. Wir gewöhnen uns daran, unsere Gedanken und Gedankennuancen zu beobachten (siehe „Gedankennuancen", Seite 52). Das alles hilft uns dabei, die Gesamtsituation besser zu analysieren, sodass wir bewusst antworten können, anstatt nur automatisch zu reagieren.

- Wenn Sie negativ auf etwas, das jemand am Telefon zu Ihnen sagt, reagieren, halten Sie einen Moment lang inne, nehmen Sie Ihre Gefühle, Gedanken und körperlichen Empfindungen wahr und konzentrieren Sie sich auf Ihre Atmung oder Ihre Füße auf dem Boden (Seite 47), um die Entspannungsreaktion auszulösen. Diese Pause holt uns in den gegenwärtigen Moment zurück und wir wechseln vom Reaktionsmodus zum bewussten Handeln. Wir erkennen, dass wir uns bedroht fühlen, und wissen, dass unsere Sichtweise dann wahrscheinlich verzerrt ist. Nun können wir diesen Einfluss berücksichtigen und bewusst entscheiden, wie wir reagieren möchten (was auch bedeuten könnte, dass wir erst einmal gar nichts tun).

- Denken Sie daran, dass uns bei Telefongesprächen die Körpersprache fehlt, die wir bei persönlichen Begegnungen sehen können. Außerdem neigen wir von Natur aus dazu, negative Signale schneller wahrzunehmen. Wenn wir uns das bei einem Telefongespräch bewusst machen, können wir das, was wir sagen, dementsprechend anpassen. Wir könnten unseren Gesprächspartner zum Beispiel bewusst auf sein Wochenende oder ein anderes unverfängliches Thema ansprechen, um eine entspannte Atmosphäre zu erzeugen, bevor wir uns schwierigeren Themen widmen. Achten Sie auf Signale Ihres Gesprächspartners, die unterschiedlich interpretiert werden könnten, und vergessen Sie dabei nicht, dass unsere Interpretation zudem immer von unserer momentanen Stimmung beeinflusst wird.

FREUNDLICHE GESTEN

Etwas Nettes für jemanden anderen zu tun, gibt uns ein gutes Gefühl – und für gewöhnlich gibt es auch dem anderen ein gutes Gefühl. Auch in der Arbeit können wir durch freundliche Gesten eine Verbindung zu anderen Menschen herstellen. Stimmung ist ansteckend (Seite 90) und die positiven Schwingungen gehen auf andere Menschen über, die wiederum andere mit ihrer guten Laune anstecken.

Daran dachte ich kürzlich auf dem Weg zur Arbeit. Der Zugführer beendete seine Schicht an einer bestimmten Station. Vor dem Wechsel machte er eine Durchsage, um allen Fahrgästen einen guten Morgen zu wünschen. Er sagte, dass er nun nach Hause ginge, um sein zweites Frühstück zu essen – das erste hatte er bei Schichtbeginn um zwei Uhr früh zu sich genommen. Er sagte, dass er uns gern chauffiert habe, und wünschte uns eine gute Reise. Währenddessen veränderte sich die Stimmung im ganzen Wagon. Alle lächelten oder lachten. Meine eigene Stimmung wandelte sich von stumpfer Leere in ein Gefühl der Leichtigkeit und der Verbundenheit – nicht nur mit dem Fahrer, sondern auch mit den anderen Fahrgästen.

Verbindungen schaffen

Freundliche Gesten können vielerlei Formen annehmen. Immer wenn ein Bekannter von mir in einem bestimmten Restaurant ist, bezahlt er das Mittagessen für alle zufällig ebenfalls anwesenden Mitarbeiter. Er sagt es ihnen nicht, sondern bezahlt einfach beim Besitzer. Wenn die Kollegen dann bezahlen möchten, erfahren sie, dass ihre Rechnung bereits beglichen wurde. So knüpft er auf seine Weise eine persönliche Verbindung zu seinen Mitarbetern.

Freundliche Gesten müssen aber kein Geld kosten. Freundlichkeit kann auch ein Lächeln sein oder wenn wir jemandem einen guten Morgen wünschen, die Tür aufhalten oder beim Tragen helfen. Sie könnten einem überforderten Kollegen mit einer Excel-Tabelle helfen oder jemandem einen Tee oder Kaffee anbieten. Sie könnten das herumstehende Geschirr spülen, damit das Reinigungspersonal am Abend eine Aufgabe weniger hat. Ein wenig Zeit oder ein guter Rat kosten nichts, bringen aber Gebenden und Empfängern großen Nutzen.

Verbreiten Sie heute in der Arbeit ein bisschen Freundlichkeit!

ÜBUNG

Gehen Sie bewusst auf einen Kollegen oder Kunden zu und stellen Sie durch eine freundliche Geste eine Verbindung her. Seien Sie dabei kreativ.

- Freundliche Gesten sollten großzügig verteilt werden, ohne sich dafür eine Gegenleistung zu erwarten. Suchen Sie sich daher die betreffende Person nicht danach aus, ob sie die Freundlichkeit Ihrer Meinung nach „verdient hat" oder nicht.
- Gesten der Freundlichkeit können auch anonym gemacht werden, wenn Ihnen das lieber ist.
- Achten Sie darauf, wie Sie sich in diesem Moment fühlen. Nehmen Sie Ihre Gefühle und Ihre Empfindungen im Körper wahr. Denken Sie über Ihren Tag und Ihre freundliche Geste nach. Wie fühlen Sie sich jetzt?
- Nehmen Sie sich vor, jeden Tag eine freundliche Geste zu vollbringen.
- Achten Sie darauf, wie Sie sich fühlen, wenn jemand für Sie etwas Nettes tut. Wie wirkt sich das auf Ihre Stimmung aus? Nehmen Sie wahr, welche körperlichen Empfindungen und Gedanken aufkommen. Achten Sie darauf, wie diese Gefühle Ihre Stimmung und Ihr Verhalten beeinflussen – besonders im Umgang mit anderen.

KAPITEL VIER

ZU HAUSE

Die meiste Zeit verbringen wir in der Arbeit. Kein Wunder, dass unser Beruf auch Auswirkungen auf die Freizeit hat. Achtsamkeit hilft dabei, keine Arbeit oder Gedanken daran mit nach Hause zu nehmen. Zu Hause können wir außerdem auch formelle Meditationsübungen ausprobieren – um zu lernen, bei wechselnder Stimmung, körperlichen Beschwerden und unruhigen Gedanken zu meditieren. Die Fähigkeiten und die innere Einstellung, die wir dabei entwickeln, können wir dann für die formlosen Übungen in den anderen Kapiteln nutzen.

Marks Firma wurde von einem größeren Unternehmen aufgekauft. Dieser Prozess hatte sich lange hingezogen.

„Wir waren alle gestresst und hatten Angst um unsere Jobs und um die Zukunft. Wenn wir uns sahen, redeten wir über nichts anderes. Selbst wenn wir abends zusammen ausgingen, landeten wir immer wieder beim Thema Arbeit, unsere Gespräche waren deprimierend einseitig und negativ. Mit der Zeit fiel mir auf, wie sich das auf meine Stimmung niederschlug. Meine gute Laune war nach so einem Treffen oder Gespräch dahin. Ich merkte auch, wie schnell ich mich immer ins Gespräch einschaltete – es war, als würde jeder von uns versuchen, die anderen mit den neuesten Hiobsbotschaften zu übertrumpfen. Ich erkannte, dass ich so meinen Stress und meine Unzufriedenheit schürte, also nahm ich mir vor, nicht mehr mitzumachen. Das ist nicht leicht und gelingt mir nicht immer, aber es ist ein Anfang – und ich merke den Unterschied. Wenn ich schon kaum Einfluss auf die Ereignisse in der Firma habe, so kann ich zumindest meine Stimmung beeinflussen."

Achtsamkeit macht uns bewusst, wie wir zu unserem Wohlbefinden beitragen können. Unsere Aufmerksamkeit ist ein mächtiges Werkzeug. Durch Achtsamkeit lernen wir, sie in der Arbeit und im Privatleben klüger einzusetzen. So können wir die Arbeit dort lassen, wo sie hingehört, und zu Hause wirklich frei haben. Auch Freunde und Familie profitieren davon, wenn wir körperlich und mit unserer Aufmerksamkeit wirklich anwesend sind. In der Freizeit lässt der Stress nach, Körper und Geist entspannen sich und kommen ins Gleichgewicht.

FOKUS AUF DEN ATEM

Unsere Atmung ist stets bei uns und kann uns viel sagen. Wenn wir nervös oder ängstlich sind, atmen wir flacher und schneller. Sind wir entspannt, werden unsere Atemzüge länger und tiefer. Wenn wir regelmäßig auf unsere Atmung achten, werden wir mit unseren Atemmustern vertraut und merken, wie sich unsere innere Haltung auf sie auswirkt. Achtsames Atmen ist eine grundlegende Übung, die man im Sitzen, im Liegen, im Stehen oder im Gehen durchführen kann. Ich empfehle Ihnen, sich möglichst regelmäßig ein paar Minuten Zeit für diese Übung zu nehmen. Sie fördert Fähigkeiten, die Ihnen im täglichen Leben nützen werden. Machen Sie sich zu Hause in entspannter Atmosphäre mit der Übung vertraut, dann fällt es Ihnen im hektischen Arbeitsalltag leichter, bei Bedarf darauf zurückzugreifen.

Auch wenn die Anleitung hier auf eine Sitzmeditation zu Hause ausgerichtet ist, können Sie den Fokus genauso auf den Atem richten, wenn Sie in der Schlange stehen oder im Wartezimmer sitzen. Stellen Sie Ihre Füße auf den Boden, setzen Sie sich aufrecht hin und achten Sie auf Ihre Atmung (siehe rechts). Lesen Sie am besten zuerst die Tipps zum bequemen Sitzen auf den Seiten 42–43.

Beginnen Sie mit der Absicht, Ihren Fokus nur fünf Minuten lang auf den Atem zu richten – am Anfang soll die Übung kurz und leicht durchführbar sein. Wenn Sie möchten, können Sie dann nach und nach auch länger meditieren.

ÜBUNG

★ Setzen Sie sich auf einen Stuhl mit gerader Lehne und stellen Sie die Füße mit der ganzen Sohle fest auf den Boden. Beugen Sie sich nach vorn und berühren Sie (wenn möglich) Ihre Zehen. Rutschen Sie nun mit dem Körper ganz an die Lehne und setzten Sie sich wieder auf. Das richtet Ihre Wirbelsäule auf und löst Sie aus dem Hohlkreuz. Legen Sie die Hände in den Schoß oder auf die Oberschenkel. Ihre Augen können geöffnet oder geschlossen sein.

★ **Achten Sie zuerst darauf, wo Sie Ihren Atem in diesem Moment am stärksten spüren.** Vielleicht in der Brust, im Bauch oder um die Nasenlöcher und Oberlippe. Wo der Atem tatsächlich am stärksten ist, spielt keine Rolle. Aber es hilft, während der Meditation einen Fixpunkt für die Aufmerksamkeit zu haben. Wenn Ihre Gedanken abschweifen, kehren Sie zu diesem Punkt zurück.

★ **Den Fokus auf den Atem zu richten, bedeutet, die Empfindungen des Atmens bewusst wahrzunehmen:** das Heben und Senken von Brust oder Bauch, das Gefühl in diesem Bereich, wenn das Einatmen zum Ausatmen wird (und umgekehrt). Denken Sie nicht über Ihre Atmung nach und versuchen Sie nicht, auf eine bestimmte Weise zu atmen. Die Atmung kann sich verändern, wenn wir ihr Aufmerksamkeit schenken, und das ist in Ordnung. (Manchmal kann das bewusste Atmen auch die innere Unruhe verstärken – führen Sie in diesem Fall die Übung „Füße auf dem Boden" (Seite 47) durch und beobachten Sie Ihre Atmung nur zwischendurch immer wieder. Mit der Zeit wird es Ihnen leichter fallen.)

★ Beim achtsamen Atmen dient die Atmung als Anker. Sobald wir merken, dass unsere Aufmerksamkeit abschweift, richten wir sie wieder auf die Atmung. Wenn wir den Fokus auf unseren Atem richten, bemerken wir, wie unruhig der Geist ist und wie schnell er vom Atem wieder zu diesem oder jenem Thema springt. Dann sind wir mit den Gedanken auf einmal in Urlaub, an einem warmen Ort oder inmitten einer Präsentation. Wenn das passiert, nehmen Sie es wahr und holen Sie Ihre Gedanken wieder zurück in die Gegenwart. Es ist wirklich einfach: Die Gedanken schweifen ab und Sie bringen sie wieder und wieder zurück.

Was bringt diese Übung?

- Während wir unsere Achtsamkeit auf den Körper richten, können wir uns nicht in Grübeleien verlieren. Durch den Fokus auf unseren Atem, also auf den Körper, lösen wir uns automatisch von unseren Gedanken (selbst wenn es nur für ein paar Sekunden ist). Das ist vor allem hilfreich, wenn uns ein Problem beschäftigt und wir nicht aufhören können, daran zu denken.

- Wir wollen weder das Denken abstellen noch unseren Kopf leermachen. **Jedes Mal, wenn uns bewusst auffällt, dass wir nachdenken, richten wir unsere Aufmerksamkeit einfach wieder auf unseren Atem.**

- Sie werden merken, dass Ihre Gedanken ständig um Ihre Aufmerksamkeit kämpfen. Das ist in Ordnung. Nehmen Sie jedes Mal, wenn Sie das bemerken, den gegenwärtigen Moment bewusst wahr. Immer wenn Sie Ihre Aufmerksamkeit zurückholen, verbessern Sie die Fähigkeit des Loslassens.

- **Mit jeder Wiederholung stärken wir die Fähigkeit, Abstand von unseren Gedanken zu nehmen und unsere Aufmerksamkeit sanft wieder auf den gegenwärtigen Moment zu lenken. Durch regelmäßige Praxis entwickeln wir so die innere Haltung eines „Beobachters", der unser Erleben – unsere Gedanken, Gefühle und körperlichen Empfindungen – so wahrnimmt, wie sie sind. Wenn im Alltag Probleme auftauchen, hilft uns das, unsere Gedanken als vorbeiziehende Erlebnisse zu betrachten, anstatt uns von ihnen wie von konkreten Ereignissen bedrohen zu lassen.**

- Je häufiger wir das mit bewusster Absicht praktizieren, desto besser gelingt es uns im Alltag, unsere Aufmerksamkeit auf unsere Atmung zu richten.

- Durch regelmäßige Übung wird die Atmung zum Anker. Wenn wir uns in kritischen Momenten auf sie besinnen, können wir aus unserer Praxis schöpfen.

- Wenn wir unsere Atmung beobachten, bemerken wir, wie sich unser Erleben verändert. Unsere Aufmerksamkeit wird andauernd von unseren Gedanken oder etwa vom Jucken an der Nasenspitze abgelenkt. Wir gewöhnen uns an die ständigen Veränderungen und erkennen, dass sie ein fester Bestandteil des Erlebens sind – und nichts, wovor man Angst haben muss. Wir befreien uns von dem Verlangen, unser Erleben kontrollieren zu wollen, und lassen uns stattdessen auf unerwartete und unverhoffte Wege führen.

TIPPS

★ Machen Sie diese Übung, so oft es geht. Meditieren Sie lieber öfter kurz als nur hin und wieder lange.

★ Legen Sie eine bestimmte Zeit für diese Übung fest – etwa nach dem Aufstehen, wenn Sie von der Arbeit nach Hause kommen oder bevor Sie zu Bett gehen. Halten Sie sich an diese Zeit. Wenn Sie das Meditieren fest in Ihren täglichen Ablauf einbauen, steigt die Wahrscheinlichkeit, dass Sie nicht wieder damit aufhören.

★ Es kann hilfreich sein, beim Atmen in Gedanken mitzusprechen: „Einatmen, … ausatmen."

★ Haben Sie Geduld und seien Sie nachsichtig mit sich. Bei jedem Menschen schweifen die Gedanken ab. Als ich mit dem Meditieren anfing, schloss ich meine Augen und öffnete sie zwei Minuten später wieder – und war mir sicher, dass mindestens 30 Minuten vergangen waren. Sie werden merken, dass es mit der Zeit leichter wird. Sie können die Meditationsdauer dann auch allmählich verlängern, wenn Sie möchten.

★ Wenn Sie nicht unbegrenzt Zeit haben, stellen Sie sich einen Wecker. (Vielleicht dämpfen Sie ihn mit einem Kissen, damit Sie das Klingeln nicht erschreckt.) Im Internet gibt es zudem viele kostenfreie Meditations-Apps für Smartphone und Computer.

FOKUS AUF DEN ATEM UND DEN KÖRPER

Wenn Sie mit dem Beobachten des Atems vertrauter werden, können Sie Ihre Aufmerksamkeit irgendwann auf den ganzen Körper ausdehnen. Indem wir unseren Fokus auf die Empfindungen im Körper richten, spüren wir ihn und nehmen bewusst wahr, was wir fühlen. Vielleicht bemerken wir ganz subtile Sinnesreize, etwa das Gefühl unserer Kleidung auf der Haut oder die Temperatur. Vielleicht spüren wir Leichtigkeit, Enge oder Unruhe in einem bestimmten Teil des Körpers und nehmen wahr, wie dies mit gewissen Gedanken und Gefühlen zusammenhängt.

Was bringt diese Übung?

- Wir üben das Wahrnehmen von Negativem, da wir so lernen, unangenehme Gefühle nicht zu verdrängen. Falls wir dann irgendwann emotionale oder körperliche Schmerzen oder Beschwerden empfinden, verfügen wir über die Fähigkeit, auch diese anzunehmen.

- Das Wahrnehmen von unangenehmen Empfindungen mag kontraproduktiv erscheinen, aber es ist besser als das übliche Ignorieren, Ablenken oder Betäuben mithilfe von Alkohol, Drogen, Medikamenten oder anderen ungesunden Aktivitäten wie übermäßigem Arbeiten. Lernen, anders zu handeln, ist ein wichtiger Schritt zum Annehmen des Erlebens.

- Wenn wir unerwünschte Gefühle verdrängen, entstehen Spannungen im Körper und wir versteifen uns – buchstäblich. Das ist nicht nur im Moment erschöpfend, sondern kann auch zu langfristigen gesundheitlichen Beschwerden führen.

- Akzeptanz ermöglicht es uns, unsere Probleme anzunehmen. So wie man seine Muskeln trainiert, um stärker zu werden, hilft uns das Trainieren dieser Fähigkeit, sie auch in schwierigen Zeiten einsetzen zu können.

ÜBUNG

- Beginnen Sie mit der Übung „Füße auf dem Boden" (Seite 47) und richten Sie danach für einige Zeit den Fokus auf den Atem (Seite 102).

- Wenn Sie bereit sind, dehnen Sie Ihre Aufmerksamkeit auf Ihren ganzen Körper aus. Ihre Atmung ist noch da, aber sie ist nicht mehr der Hauptakteur, sondern nur ein Element im Hintergrund – wie ein Radio, das im Nebenzimmer läuft.

- Beobachten Sie aufkommende körperliche Empfindungen. Spüren Sie, ob Sie Widerstand wahrnehmen oder sich vielleicht denken: „Ah, wie angenehm!" Wir erwarten uns keine bestimmte Empfindung, wir nehmen nur das wahr, was da ist.

- Selbst wenn wir keine innerlichen Empfindungen verspüren, können wir wahrnehmen, wie der Körper auf dem Boden oder Stuhl ruht – ein Gefühl der Verbindung und der Berührung. Suchen Sie Ihren Körper in Gedanken ab und prüfen Sie ob es irgendwo so ein Gefühl gibt. Wie fühlt sich diese Stelle an? Was bemerken Sie?

- Denken Sie daran, dass die Atmung ein Teil des Körpers ist. Daher besteht jederzeit die Möglichkeit, dass Sie sich der Empfindungen des Atmens bewusst werden.

- Wenn ein bestimmtes Gefühl, etwa ein Juckreiz, nach Ihrer Aufmerksamkeit verlangt, haben Sie die Wahl, wie Sie reagieren. Nehmen Sie zuerst wahr, wo das Gefühl ist. Sie können Ihren Fokus auf den Atem richten und das Ein- und Ausatmen spüren, während Sie gleichzeitig den Juckreiz wahrnehmen. Alternativ können Sie Ihren Atem auch auf den Juckreiz (bzw. ein anderes Gefühl) lenken und sich vorstellen, wie der Atem an dieser Stelle in den Körper hinein- und wieder hinausfließt. Wenn es sich gut anfühlt, können Sie sich dem Gefühl mit Neugier nähern. Erforschen Sie es mit Interesse, aber bewerten Sie es nicht. Bleibt es gleich oder verändert es sich? Bewegt es sich oder ist es nur an einem Ort? Wir versuchen nicht, es loszuwerden oder zu verändern, wir üben nur, es auf verschiedene Arten wahrzunehmen. Wenn Sie starkes Unwohlsein verspüren, bewegen Sie sich. Zwingen Sie sich nie, sich auf Schmerzen oder Unbehagen zu konzentrieren. **Fassen Sie stattdessen die bewusste Absicht, sich zu bewegen, und passen Sie Ihre Haltung mit achtsamer Wahrnehmung an.**

- Richten Sie Ihre Aufmerksamkeit abschließend noch für ein paar Minuten nur auf Ihre Atmung.

GEDANKEN WAHRNEHMEN

Ein häufiger Irrglaube im Zusammenhang mit Meditation ist, dass man versuchen soll, den Kopf frei von allen Gedanken zu machen, oder dass das Gehirn zu beschäftigt ist, um zu meditieren. Beide Annahmen zeigen das Problem, das viele von uns mit unseren Gedanken haben: das ständige Geplapper der Gedanken im Hintergrund ist manchmal lästig, manchmal bohrend und sehr oft gemein und verletzend. Unsere Gedanken sind wie ein Hydrant, der aus einer unerschöpflichen Quelle Wasser pumpt.

Wir werden unsere Gedanken nie abschalten können, darum sollten wir aufhören, es zu versuchen. Probieren Sie es aus – hören Sie auf, zu denken. Was bemerken Sie? Es erfordert immense Anstrengung und sofort beginnen wir, zu analysieren, wie gut es uns wohl gelingt – was natürlich schon wieder ein Gedanke ist. Also versuchen wir, auch diesen Gedanken abzuschalten, und verfangen uns schon bald in Widersprüchen. Entspannen Sie sich und versuchen Sie nicht, Ihre Gedanken zu stoppen. Laden Sie sie ein! Das ist schwieriger, als es klingt, darum lohnt es sich, es hin und wieder im Zuge einer Sitzmeditation zu üben.

Wenn wir unsere Gedanken bewusst wahrnehmen, heißt das nicht, dass wir sie analysieren. Es kann aber hilfreich sein, die Themen der Gedanken zu beobachten. Das hilft Ihnen, zu verstehen, wo Ihre Aufmerksamkeit gerade liegt und wie es um Ihre Stimmung und Ihr allgemeines Wohlbefinden bestellt ist. Unsere Gedanken verraten uns, was uns gerade beschäftigt. Das Wahrnehmen der Gedanken als Feedback anstatt als Tatsachen lässt uns Warnsignale erkennen, die unser Urteilsvermögen trüben oder unsere Leistung beeinträchtigen. Wenn uns unser Erleben bewusst ist, haben wir die Möglichkeit, bedacht zu handeln.

ÜBUNG

Nehmen Sie sich Zeit für eine Sitzmeditation (Seite 106). Nachdem Sie Ihre Aufmerksamkeit auf Ihren Atem und Ihren Körper gerichtet haben, laden Sie Ihre Gedanken auf die Bühne Ihres Geistes ein. An diesem Punkt merken wir oft, dass die Gedanken Lampenfieber bekommen und versuchen, sich hinter den Kulissen zu verstecken. Erst nach einer Weile kommen sie hervor. Probieren Sie die folgenden Übungen aus, wobei ich empfehle, pro Meditation immer nur eine zu machen.

★ Betrachten Sie Ihre Gedanken einfach nur als Gedanken – wie Wolken am Himmel. Einige sind schwer und dunkel, andere ganz zart, manche fliegen vorbei, andere machen sich breit und wollen nicht abziehen. Es ist hilfreich, diese Merkmale der Gedanken zu registrieren.

★ Achten Sie darauf, was für ein Film gerade in Ihrem Kopfkino läuft. Gehört er zu Ihren Top Ten (Seite 75)? Welcher ist es?

★ Manche Gedanken sind sehr hartnäckig. Akzeptieren Sie das und richten Sie Ihre Aufmerksamkeit auf Ihre Atmung. Atmen Sie ein und aus, während Sie diese hartnäckigen Gedanken wahrnehmen. Indem wir unserer Aufmerksamkeit eine andere Aufgabe geben, können wir sie von unseren Gedanken weglenken, ohne diese zu verdrängen. Wir nutzen unsere Atmung, um mit den Gedanken zu sein.

★ Stellen Sie sich vor, dass Sie an einem Flussufer stehen und einen bestimmten Gedanken auf ein Blatt und dieses dann auf den Fluss legen. Manchmal dreht sich das Blatt noch im Kreis oder verfängt sich in anderen dahintreibenden Blättern, aber irgendwann wird es von der Strömung mitgerissen.

★ Versuchen Sie, Ihre Gedanken zu zählen. Wenn Sie sich verzählen, fangen Sie wieder bei eins an.

★ Es kann hilfreich sein, Ihre Gedanken in Kategorien zu ordnen – etwa „Denken", „Planen" oder „Grübeln" (Seiten 72–73).

★ Denken Sie daran, dass der Inhalt der Gedanken für uns unwesentlich ist. Die Gedanken sind nur vorbeiziehende Ereignisse, die zeitweilig unsere Aufmerksamkeit erregen. Sie werden von unserer Stimmung beeinflusst, daher kann man sie nicht als Tatsachen ansehen. Machen Sie sich bewusst, dass Gedanken nicht real existieren.

FREUNDSCHAFT MIT SICH UND ANDEREN SCHLIESSEN

Mithilfe der traditionellen Meditationsübung „Liebende Güte" entwickelt und verstärkt man Gefühle wie Güte, Verbundenheit, Mitgefühl und Freundschaft. Diese Gefühle haben mit der romantischen oder sentimentalen Liebe nicht viel gemeinsam. Wenn wir „Liebende Güte" praktizieren, wird die Gehirnregion aktiviert, die für die Motivation zuständig ist. Motivation treibt unsere Absichten an und diese steuern unser Verhalten. „Liebende Güte" kann also wirkungsvoll zum Ändern von Verhaltensweisen eingesetzt werden. Meist übt man das im Zuge einer Sitzmeditation, die bevorzugt zu Hause durchgeführt werden sollte.

Bei dieser Übung erwarten wir uns keine bestimmte Empfindung. Wir suchen nicht nach einem wohligen Gefühl. Wir werden vielleicht eher Widerstand verspüren. **Es geht dabei nicht darum, andere Menschen zu verändern oder eine Gegenleistung von ihnen zu erwarten.** Bei dieser Übung entwickeln und verstärken wir Eigenschaften, die wir alle haben. Seien Sie dabei geduldig – es dauert, bis man einen Unterschied bemerkt.

In einer randomisierten kontrollierten Studie fand man heraus, dass das Praktizieren der Übung „Liebende Güte" einmal pro Woche den täglichen Ausdruck positiver Gefühle steigert, was wiederum weitere persönliche Ressourcen verstärkt, unter anderem die Achtsamkeit, das Gefühl von Sinnhaftigkeit sowie soziale Fähigkeiten. Dadurch waren die teilnehmenden Personen mit ihrem Leben zufriedener und fühlten sich besser – besonders im Umgang mit anderen Menschen.

Wenn Sie die Übung „Liebende Güte" praktizieren, vermeiden Sie Kritik oder eine bestimmte Erwartungshaltung. Beobachten Sie einfach, was geschieht. Das ist eine gute Übung für uns alle, da wir viel zu oft zu streng mit uns selbst sind. Senden Sie Ihre liebende Güte zuerst einem Menschen, den Sie mögen, bevor Sie sich selbst „dazuschalten".

MIT SICH SELBST FREUNDSCHAFT SCHLIESSEN

Beginnen Sie, indem Sie eine Zeit lang den Fokus auf Ihre Atmung und Ihren Körper richten (Seite 106). Das verankert Sie im gegenwärtigen Moment und erzeugt eine innere Stabilität, die für die weiteren Schritte wichtig ist. Wann immer Sie während der Meditation etwas Unangenehmes verspüren, können Sie sich wieder auf diesen Anker konzentrieren.

- Denken Sie an jemanden, den Sie mögen. Das kann ein Lehrer, ein Mentor, eine Freundin, ein Familienmitglied oder auch ein Haustier sein – einfach jemand, der Ihnen ein gutes Gefühl gibt, wenn Sie an ihn denken.

- Denken Sie an diese Person und wiederholen Sie dabei in Gedanken die folgenden Sätze: „Mögest du gesund sein. Mögest du glücklich sein. Mögest du frei von Leid sein."

- Die Sätze dienen nur zum Lenken der Aufmerksamkeit, Sie können sie nach Belieben verändern (siehe Seite 113). Am besten eignen sich kurze, einfache Sätze. Geben Sie jedem Satz Raum und lassen Sie die Aussage in Körper und Geist nachhallen. Wiederholen Sie die Sätze zwei- oder dreimal.

- Stellen Sie sich im Geiste dann neben die Person und sagen Sie die Sätze nun so: „Mögen wir ..."

- Achten Sie auf Momente des inneren Widerstands, von denen wir uns sanft lösen möchten, und auf jene Momente, in denen Sie sich gut fühlen – das sind jene, die wir verstärken möchten.

- Lassen Sie die Person dann (fürs Erste) gehen. Stellen Sie sich nun nur sich selbst vor und wiederholen Sie: „Möge ich ..."

- Achten Sie darauf, was Sie dabei fühlen. Oft spüren wir Widerstand. Es fühlt sich egoistisch an, die Aufmerksamkeit auf uns selbst zu richten. Denken Sie jedoch daran: Wenn wir für unser eigenes Wohlbefinden sorgen, können wir uns auch besser um andere Menschen kümmern.

- Wenn Sie sich mit den Ich-Sätzen unwohl fühlen, stellen Sie sich im Geiste wieder neben die Person und wiederholen Sie die Wir-Sätze.

- Schließen Sie zum Abschluss auch noch Ihre Familie und Freunde mit ein.

Mit anderen Freundschaft schließen

In der Arbeit gibt es oft Menschen, mit denen wir uns schwertun. Vielleicht haben wir schon negative Erfahrungen mit ihnen gemacht oder wir werden einfach nicht warm mit ihnen. Auch für so eine Person können wir die Übung „Liebende Güte" praktizieren – damit verändern wir *unsere* Einstellung gegenüber dieser Person. Wir erinnern uns daran, dass diese Person auch nur ein Mensch ist, jemandes Sohn oder Tochter, Mutter oder Vater, jemand, der genau wie wir glücklich und frei von Schmerz und Leid sein möchte.

Nehmen Sie Gemeinsamkeiten wahr, selbst wenn es nur banale Dinge sind – der gleiche Arbeitsplatz oder die gleiche Haar- oder Augenfarbe. Nehmen Sie alles Positive an der Person wahr: Vielleicht hat sie Ihnen oder anderen etwas Gutes getan. Denken Sie dabei daran, dass wir nicht versuchen, die Person zu verändern, sondern nur unsere Einstellung ihr gegenüber. Wir heißen auch nicht automatisch alles gut, was die Person tut oder getan hat.

Beginnen Sie mit Menschen, die nur ein bisschen anstrengend sind, und führen Sie die Übung nicht mit einer Person durch, die Ihnen wirklich großes Leid zugefügt hat. Greifen Sie, wenn es Ihnen zu viel wird, auf die Übung auf der vorherigen Seite zurück.

Folgen Sie zunächst der Anleitung auf Seite 111. Wenn Sie Ihrem Atem und Ihrem Körper etwas Zeit gewidmet haben, senden Sie einer Person, die Sie mögen, liebende Güte. Machen Sie die Übung dann für sich selbst und *erst dann* für die schwierige Person aus der Arbeit. Ihr Atem dient Ihnen dabei jederzeit als Anker. Stellen Sie sich die Person vor und wiederholen Sie dann die folgenden (oder Ihre eigenen) Sätze: **Mögest du gesund sein. Mögest du glücklich sein. Mögest du frei von Leid sein.**

Nehmen Sie wahr, wie sich die Sätze für Sie anfühlen. Falls Sie gegen bestimmte Wörter Widerstand verspüren, versuchen Sie es mit einer anderen Wortwahl. Fällt es Ihnen beispielsweise schwer, jemandem zu wünschen, glücklich zu sein, könnten Sie stattdessen auch „frei von Zorn" sagen. Probieren Sie verschiedene Wörter aus und achten Sie darauf, mit welchen Empfindungen Ihr Körper darauf reagiert. Wenn Sie Wörter oder Sätze finden, die sich für Sie stimmig anfühlen, wiederholen Sie sie im Stillen wie zuvor.

Beenden Sie auch diese Übung wie auf Seite 111: Konzentrieren Sie sich ein paar Minuten lang ausschließlich auf Ihre Atmung.

MÖGLICHE SÄTZE

Möge ich / Mögen wir / Mögest du … sein.

FRIEDVOLL GELASSEN GLÜCKLICH GESUND SICHER WOHLAUF

VOR LEID GESCHÜTZT MIT DEM LEBEN ZUFRIEDEN INNERLICH ENTSPANNT

Möge ich / Mögen wir / Mögest du frei von … sein.

EIFERSUCHT ZORN SCHMERZ SORGEN LEID

DAS ACHTSAME FRÜHSTÜCK

Jeden Morgen presse ich mir zum Frühstück einen Obst- und Gemüsesaft. Viele Leute fragen mich, woher ich die Zeit dafür nehme. Aber schon die Zubereitung ist für mich eine kleine Achtsamkeitsübung und Teil meiner Morgenroutine. Wenn ich die Erde vom Gemüse wasche, spüre ich eine Verbindung zu seiner Herkunft – wie es durch Regen und Sonne gedieh, von Menschen geerntet und in die Stadt geliefert wurde. Ich schneide das Gemüse mit dem Bewusstsein, dass ich jetzt Gemüse schneide. Ich konzentriere mich darauf, anstatt an den vor mir liegenden Tag zu denken. Ich denke an eine Freundin, die ebenfalls Säfte macht, und spüre eine kurze Verbindung, wie ein inneres Lächeln. Ist der Saft fertig, mache ich erst alles sauber, bevor ich ihn trinke. Der gesamte Ablauf dauert etwa zehn Minuten. Ich bin selten in Eile, selbst wenn ich spät dran bin. Ich erlaube mir, zu sein, wo ich gerade bin.

Wie sieht Ihr Frühstück aus? Nehmen Sie sich Zeit, etwas zu essen? Wenn ja, wie essen Sie es? Lesen Sie dabei Zeitung oder Ihre E-Mails oder achten Sie darauf, dass die Kinder alle Schulsachen dabeihaben? Wir alle haben viel zu tun und gerade mit Kindern kommt uns der Frühstückstisch oft wie ein Schlachtfeld vor. Wenn das der Fall ist: Wie fühlen Sie sich damit?

Frühstücken Sie stattdessen einmal achtsam und nehmen Sie die Unterschiede wahr. Entscheiden Sie sich, welche Art des Frühstücks Sie bevorzugen. Wenn Sie nicht jeden Tag achtsam frühstücken können, gelingt es Ihnen vielleicht einmal in der Woche oder am Wochenende?

ÜBUNG

★ Achten Sie ein paar Tage lang auf Ihren täglichen Ablauf beim Frühstück. Nehmen Sie wahr, was Sie tun und wie Sie es tun. Nehmen Sie wahr, wie Sie sich danach fühlen. Falls Sie nicht zu Hause frühstücken, holen Sie sich etwas auf dem Weg zur Arbeit? Wenn ja, was? Essen Sie Ihr Frühstück in der Arbeit? Wie fühlen Sie sich dabei?

★ Fassen Sie nun die Absicht, Ihr Frühstück achtsam einzunehmen. Denken Sie daran, dass jede Aktivität achtsam ausgeführt werden kann, indem man bewusst und ohne zu werten wahrnimmt, was man gerade tut. Wenn Sie aufkommende Gedanken bemerken, lenken Sie Ihre Aufmerksamkeit einfach wieder auf die Zubereitung oder das Essen Ihres Frühstücks. Nahrung ist mehr als nur Geschmack – nehmen Sie sie mit allen Sinnen wahr: die Farben, die Beschaffenheit und den Geruch. Kosten Sie das alles voll und ganz aus.

★ Auch wenn Sie in der Arbeit frühstücken, können Sie es achtsam tun. Es mag nicht ideal sein, aber wenn es nicht anders geht, dann genügt das. Beginnen Sie mit dem, was ist.

★ Es ist ein Irrtum, dass wir für eine achtsame Aktivität mehr Zeit benötigen. Es kann allerdings passieren, dass wir so unser Interesse für eine Aktivität wecken und sie dadurch langsamer und intensiver ausführen. Gönnen Sie sich wenn möglich den Luxus, etwas mehr Zeit für diese Aktivität aufzuwenden.

★ Achten Sie darauf, wie Sie sich während und direkt nach dem Frühstücken fühlen.

★ Vergleichen Sie die beiden Arten des Frühstücks miteinander. Wenn Ihr Experiment hilfreich war, können Sie sich überlegen, wie Sie Achtsamkeit in Ihren täglichen Frühstücksablauf integrieren können.

DER WEG

Man sagt, der Weg sei das Ziel. Jeden Tag begeben wir uns auf den Weg zur Arbeit – zu Fuß, mit dem Auto, dem Zug, der Fähre oder dem Bus. Oft ist dieser Weg etwas, das wir ertragen. Betrachten Sie Ihren normalen Weg zur Arbeit. Nehmen Sie ihn wahr und achten Sie auf die aufkommenden Gedanken und Gefühle und darauf, wie Ihr Körper auf sie reagiert. Wie fühlen Sie sich, wenn Sie an Ihrem Arbeitsplatz ankommen? Ruhig und entspannt oder gestresst und nervös? Oft sagen Menschen zu mir, der Weg zur Arbeit sei so schlimm, sie wollen sich gar nicht mit ihm beschäftigen. Das Verdrängen des Erlebens hat aber seinen Preis. Es kann zur normalen Reaktion auf unangenehme – und leider auch auf angenehme – Situationen werden. Entweder sind wir offen für unser gesamtes Erleben oder wir sind es nicht. Wenn wir es wiederholt ignorieren, verschließen wir uns vor dem Leben. Was können wir also verändern?

Die Zeit im Auto, im Bus oder im Zug

Überlegen Sie sich kreative Möglichkeiten, Ihren Weg zur Arbeit achtsamer zu gestalten. Sie müssen Ihr Erleben nur bewusst wahrnehmen, ohne es zu bewerten oder sich ein bestimmtes Ergebnis zu erhoffen. Probieren Sie Verschiedenes aus und achten Sie darauf, wie Sie sich fühlen und wie sich das auf den Rest des Tages auswirkt.

Im Zug oder im Bus stehen wir oft dicht gedrängt mit anderen Menschen, was unangenehm sein kann. Nehmen Sie wahr, was Sie fühlen. Wenn Sie merken, dass Sie Ihren Atem anhalten – atmen Sie und entspannen Sie sich. Wenn sich Ihr Körper anspannt, um Raum zu schaffen – lassen Sie locker. Achten Sie auf Ihre Füße auf dem Boden und Ihren Körper auf dem Sitz (falls Sie das Glück haben, zu sitzen). Atmen Sie Ihr Unwohlsein ein, während Sie fest verankert bleiben. Denken Sie daran: **Wir versuchen nicht, unser Erleben zu verändern, wir nehmen es an, so wie es ist.** Probieren Sie es aus und achten Sie darauf, was geschieht.

Wenn wir mit dem Auto fahren, haben wir zwar unseren eigenen Raum, aber es kommt dennoch oft zu Störungen durch andere Fahrer, die uns ausbremsen oder die Straßen verstopfen. Fassen Sie die Absicht, Ihre Autofahrt als Chance zum Üben wahrzunehmen. Schalten Sie das Radio oder die Musik aus und nehmen Sie die Geräusche um Sie herum wahr. Öffnen Sie das Fenster und riechen Sie die Luft. Spüren Sie das Lenkrad in Ihren Händen. Wenn eine Ampel rot wird, bremsen Sie und atmen Sie bewusst. Achten Sie auf Ihren Atem, bis die Ampel wieder grün wird. Machen Sie das bei jeder Ampel. Wie fühlen Sie sich, wenn Sie an Ihrem Ziel ankommen?

Ankommen, wenn Sie ankommen

Als Pendler hat man oft Pech, wenn Züge oder Busse ausfallen oder Verspätung haben oder wenn es einen Stau gibt. Wir wissen, dass wir eigentlich schon woanders sein sollten, und die Verspätung oder das Verpassen eines Termins sorgen für Ärger und Frust, in dem wir dann während des gesamten Wegs und oft noch den restlichen Tag schmoren. **Achten Sie auf enstehende Gefühle** und nehmen Sie wahr, wo im Körper Sie sie spüren. Vielleicht ist es eine Steifheit im Nacken oder in Ihren Schultern oder ein Grummeln im Magen. **Lenken Sie Ihre Aufmerksamkeit mit Neugier auf Ihren Körper und nehmen Sie wahr, was dort geschieht.** Vielleicht spüren Sie auch gar nichts – das macht nichts, wichtig ist der Akt der Aufmerksamkeit.

Achten Sie auf Gedanken rund um das Zuspätkommen: Vorwürfe, Kritik, Nervosität. Lassen Sie Ihren Ärger und Ihren Frust an den Menschen in Ihrer Nähe, etwa am Fahrkartenkontrolleur oder den drängelnden Fahrgästen, aus? **Benennen Sie alle Gefühle, die Sie wahrnehmen, halten Sie sie fest und konzentrieren Sie sich auf Ihre Atmung:** Einatmen, ... ausatmen. Halten Sie sich vor Augen, dass es nichts gibt, was Sie tun können. Sie werden ankommen, wenn Sie ankommen. Lassen Sie negative Gedanken einfach los.

Den Autopiloten abschalten

Wenn wir die gleiche Handlung wieder und wieder ausführen, laufen wir irgendwann auf Autopilot. Wir gelangen von A nach B, ohne unser Erleben wirklich wahrzunehmen. Wir können uns jedoch wieder aufwecken, indem wir etwas anders als sonst machen. Können Sie Ihren Weg variieren? Vielleicht können Sie ein Stück zu Fuß gehen, eine andere Route nehmen oder mit dem Zug statt mit dem Auto (oder umgekehrt) fahren. Ändern wir unsere Routine, wachen Körper und Sinne auf. Wir nehmen viel mehr wahr und kommen mit einem regen Geist an unserem Ziel an. Ändern Sie Ihren Weg, so oft Sie können.

Verbindung herstellen

Auf unserem Weg helfen uns täglich viele unbekannte Menschen. Manche sehen wir regelmäßig, etwa die Fahrkartenkontrolleure und Ticketverkäufer – vertraute Gesichter ohne Namen. Andere arbeiten im Hintergrund oder in der Nacht und sorgen dafür, dass wir unser Ziel rechtzeitig erreichen. Fassen Sie die Absicht, diese Menschen bewusst wahrzunehmen. Schauen Sie ihnen in die Augen und sagen Sie „Danke" oder „Guten Morgen". **Stellen Sie eine Verbindung zu den anderen Pendlern her.** Sie müssen sie nicht ansprechen, nehmen Sie sie einfach bewusst wahr. Genau wie Sie möchten auch sie trotz ihrer Probleme glücklich sein. Wünschen Sie ihnen in Gedanken eine gute Reise.

Zu Fuß unterwegs

Das Gehen ist die ideale Aktivität für einen grübelnden Geist und es lässt uns unsere Verbindung mit der Natur spüren. Um achtsam zu gehen, nehmen Sie bewusst wahr, dass Sie gehen (und zwar ohne Kopfhörer im Ohr). Sie müssen nicht extra langsam gehen, achten Sie einfach nur auf Ihren Körper. Spüren Sie die Luft im Gesicht, das Gefühl Ihrer Füße auf dem Boden, den Atem, der in Ihren Körper hinein- und wieder hinausströmt. Dehnen Sie Ihre Aufmerksamkeit auf Ihre Umgebung aus und lenken Sie sie dann wieder zurück auf Ihre Füße und Ihren Körper.

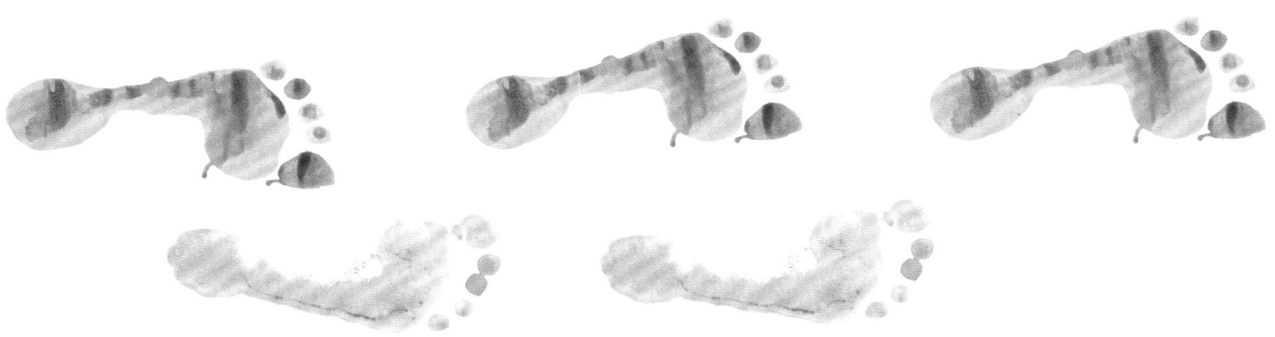

DIGITALE AUSZEIT

Es ist praktisch, von unterwegs aus mit der Arbeit in Verbindung zu bleiben. So werden wir jedoch leicht zum Sklaven unseres Smartphones – besonders in der Freizeit oder im Urlaub. Wir glauben, es ist kein Problem, wenn wir „schnell mal nachschauen". Aber jedes Mal, wenn wir das tun, richten wir unsere Aufmerksamkeit auf die Arbeit. Wenn wir geistig bei der Arbeit sind, dann sind wir nicht wirklich dort, wo wir eigentlich sind. Das wirkt sich nicht nur auf uns, sondern auch auf die Menschen, mit denen wir gerade Zeit verbringen, negativ aus.

Mir fiel auf, dass ich mich wiederholt bei der Arbeit meldete, wenn ich mich gestresst oder nervös fühlte. Ich merkte, dass ich wie getrieben war. Und ich bemerkte, was danach geschah. Wenn es nichts Neues gab, fantasierte ich über den Grund dafür. Oder es gab eine wichtige Nachricht zu einer Aufgabe, die ich vielleicht erledigen konnte. Das wirkte sich auf mich sofort körperlich und emotional aus und verdarb mir oft für den Rest des Tages die Laune.

Abschalten

Als mir dieser negative Einfluss bewusst wurde, machte ich ein Experiment. Zuerst nahm ich mir vor, meine Arbeits-E-Mails nicht mehr außerhalb der Arbeitszeit zu checken – was mir leider nicht gelang. Danach stellte ich mein Handy so ein, dass die Arbeits-E-Mails zu gewissen Zeiten gar nicht erst aufschienen. Wenn ich nun in mein Postfach wollte, musste ich mich bewusst dafür entscheiden, anstatt automatisch zu handeln. Die ersten paar Male verspürte ich Nervosität, aber diese Momente wurden immer seltener. Und wenn ich wieder zur Arbeit ging, fühlte es sich wirklich so an, als wäre ich weggewesen. Mittlerweile deaktiviere ich am Ende jedes Arbeitstages meine Arbeits-E-Mail und habe dadurch meine Leistung verbessert.

Wir sind oft so an unser Erleben gewöhnt, dass es uns normal vorkommt. Wir wissen gar nicht mehr, dass es auch anders sein kann. Probieren Sie daher Folgendes aus:

- Legen Sie fest, zu welchen Zeiten Sie tatsächlich frei haben, und fassen Sie die Absicht, diese Zeit wirklich nur für Privates zu verwenden.

- Stellen Sie Ihr Handy so ein, dass Ihr beruflicher E-Mail-Account deaktiviert oder ganz entfernt wird. Bei manchen Geräten kann man dafür bestimmte Zeiten festlegen, in denen die Postfächer automatisch deaktiviert werden.

- Sagen Sie Ihren Kollegen, dass Sie im Urlaub oder in Ihrer Freizeit keine beruflichen E-Mails checken oder Anrufe entgegennehmen. Wird das nicht akzeptiert, vereinbaren Sie ein Zeitfenster, in dem Sie erreichbar sind.

- Achten Sie auf Ihr Erleben – nehmen Sie negative Gefühle oder Widerstände wahr. Nehmen Sie die Auswirkungen auf Ihre Stimmung und auf die Menschen in Ihrem Umfeld wahr.

- Machen Sie sich auf Ihre eigenen inneren Widerstände und jene der anderen gefasst, aber halten Sie Ihren Vorsatz ein. Wenn es Ihnen schwerfällt, legen Sie anfangs kürzere Zeiträume fest, etwa Abende und Wochenenden.

- Nehmen Sie wahr, wie Sie sich fühlen, wenn Sie nach so einer „digitalen Auszeit" wieder an Ihren Arbeitsplatz zurückkehren.

DAS MONTAGSTIEF

Nach dem Wochenende oder nach einem Urlaub reicht es oft, nur an die Arbeit zu denken, um die Stimmung zu trüben. Oft beschäftigen wir uns mental schon mit den anstehenden Arbeitstagen, obwohl wir noch frei haben. Dieses Vorausdenken holt uns aus dem gegenwärtigen Moment. Wir sind zwar körperlich bei unseren Kindern im Park, mit Freunden im Café oder mit unserem Partner auf dem Sofa, aber geistig sind wir abwesend. So können wir die schönen Momente gar nicht wirklich genießen. Und das schadet unseren Beziehungen, weil sich andere dadurch vielleicht ungeliebt oder weniger wichtig genommen fühlen. Wir merken, wenn jemand in Gedanken woanders ist und uns nicht beachtet. Sollte das Ihr Normalzustand in Ihrem Privatleben sein, kann das verheerende Folgen haben.

Manchmal höre ich von Leuten, die ihre Arbeits-E-Mails bereits am Sonntagabend lesen, „damit es Montagfrüh keine Überraschungen gibt". Dennoch gilt auch hier: Wer sich einloggt und der Arbeit seine Aufmerksamkeit schenkt, wird sich mental damit beschäftigen.

Freizeit ist aber dafür da, Abstand vom Druck und von den Anforderungen des Berufs zu nehmen. Im Geiste bei der Arbeit zu sein, ist Ihnen und Ihrer Familie gegenüber unfair. Ganz abgesehen davon, dass Sie so anfälliger für Stress sind (Seite 28).

Es liegt an Ihnen, ob Sie am Sonntagabend gedanklich in der Arbeit sein möchten oder ob Sie sich bewusst entscheiden, etwas anderes zu tun.

ÜBUNG

★ Wenn Sie Urlaub haben oder gerade Wochenende ist, verlassen Sie die Arbeit wirklich. Schenken Sie sich eine Auszeit von allen beruflichen Belastungen. Wenn Ihre Gedanken immer wieder zur Arbeit wandern, holen Sie sie sanft zu dem zurück, was Sie gerade tun. Seien Sie sich bewusst, was Sie tun, während Sie es tun – dass Sie jetzt Ihren Kindern eine Geschichte vorlesen, Ihre Eltern besuchen, das Sonntagsessen planen, einen Spaziergang machen oder Freunde treffen.

★ Wenn Sie sich angewöhnt haben, Ihre Arbeits-E-Mails am Sonntagabend zu checken, achten Sie darauf, wie sich diese Aktivität auf Ihr Denken, Ihre Gefühle und Ihre körperlichen Empfindungen auswirkt. Nehmen Sie diese Gefühle wahr. Erst wenn man sich etwas bewusst macht, kann man es verändern. Fassen Sie die Absicht, mit dieser Gewohnheit zu brechen (und nehmen Sie es sich nicht übel, wenn Sie sie hin und wieder vergessen). Es kann hilfreich sein, Familienmitglieder zu bitten, Sie an Ihren Vorsatz zu erinnern. Achten Sie darauf, was Sie antreibt – achten Sie auf diesen Moment, wenn es Sie wie automatisch zu Ihrem Computer zieht. Was bemerken Sie, wenn Sie Ihr Erleben bewusst beobachten? Was bemerken Sie danach? Wohin wandern Ihre Gedanken?

★ Wenn Sie beim Gedanken an den bevorstehenden Arbeitstag nervös und schlecht gelaunt werden, praktizieren Sie Achtsamkeit. Wenn Sie gerade nicht viel Zeit haben, machen Sie am besten die Übung „Achtsame Minute" (Seite 54), „Füße auf dem Boden" (Seite 47) oder „Atemraum" (Seite 78). Wenn Sie mehr Zeit haben, können Sie eine der längeren Übungen wählen, etwa „Fokus auf den Atem" (Seite 102).

MUT ZU NEUEM

Als Kinder lernen wir ständig etwas Neues. Jede neue Erfahrung und jede neue Fähigkeit lässt uns wachsen, gibt uns Selbstvertrauen und erweitert unseren Horizont. Wenn wir erwachsen sind, werden unsere Lernerfahrungen immer seltener oder hören sogar ganz auf.

Wenn wir etwas gut können, spezialisieren wir uns vielleicht und werden sogar zum Experten. Als Experte wollen wir dann einen gewissen Status wahren und unseren Ruf nicht in Gefahr bringen. Aber auch wenn wir keine Experten sind, sind wir als Erwachsene oft unsicher und haben Angst, uns zu blamieren. Darum machen wir meist nur noch das, womit wir bereits vertraut sind.

Wissenschaftler haben herausgefunden, dass das Gehirn viel formbarer ist als angenommen und dass immer Lernpotenzial für Neues da ist. „Wer rastet, der rostet" – das gilt für das Gehirn also genauso wie für den Körper. Das Erlernen neuer Fähigkeiten ist nicht nur gut für den Geist, sondern auch für den Körper. Wenn sich unser Leben nur um die Arbeit dreht und unsere Identität von unserem Beruf bestimmt wird, können wir mit Problemen am Arbeitsplatz weniger gut umgehen. Sie erschüttern uns dann in unseren Grundfesten.

Können wir jedoch unsere Interessen um Aktivitäten erweitern, die nichts mit der Arbeit zu tun haben, entwickeln wir Selbstvertrauen. Vielleicht sind wir anfangs nervös und haben Angst, aber nur wenn wir unsere gewohnten Bahnen verlassen, können wir uns weiterentwickeln. Wenn wir erkennen, dass wir trotz unserer Bedenken etwas tun können, gelingt uns das vielleicht auch mit anderen Vorhaben. Außerdem lernen wir bei neuen Aktivitäten andere Menschen kennen – eine Gelegenheit, um über andere Themen als über die Arbeit zu reden und *endlich* eine Auszeit vom Beruf zu nehmen.

- Als Erwachsener etwas zu lernen, ist ganz anders als das Lernen in der Schule. Sie lernen ohne Zwang, rein aus Interesse. Sie können Kurse für Heimwerken, Nähen, Kochen, Fremdsprachen oder Kunst belegen. Sie könnten Fechten, Squash, Schwimmen, Holzschnitzen oder Akkordeonspielen lernen. Den Möglichkeiten sind keine Grenzen gesetzt.

- Ein regelmäßiger Kurs gibt Ihnen zudem einen Grund, Ihren Arbeitsplatz rechtzeitig zu verlassen. Vielleicht sind Sie nach der Arbeit müde, aber Körper und Geist auf ungewohnte Weise zu stimulieren, ist auch eine Form der Entspannung.

- Bestimmte Aktivitäten, etwa das Singen in einem Chor, reduzieren Stress.

- Auch körperliche Aktivitäten machen Schluss mit Stress. Beim Kickboxen etwa können Sie aufgestauten Stress auf gesunde Weise abbauen. Auch bei Qigong, Tai Chi oder Yoga geht es um den Körper – und wenn wir uns auf den Körper konzentrieren, hören wir auf zu grübeln. Jede körperliche Aktivität kann außerdem achtsam ausgeführt werden – nehmen Sie dazu einfach Ihr Erleben bewusst und wertfrei wahr.

- Wenn es das Wetter erlaubt, gehen Sie nach draußen (auch in der Stadt). So schaffen Sie eine Verbindung mit den Jahreszeiten und der Natur und erhalten ein Gefühl für die größeren Zusammenhänge im Leben.

- Das Erlernen von etwas Neuem erfordert Aufmerksamkeit und Konzentration – die perfekte Methode, um das Arbeitsgehirn zum Schweigen zu bringen.

- Erlauben Sie sich, Anfänger zu sein. Befreien Sie sich von Ihren Erwartungen. Gibt es etwas, das Sie schon immer ausprobieren wollten? Was würden Sie gern lernen?

KLANG ODER LÄRM

Wenn wir uns konzentrieren können, erbringen wir die beste Leistung. Dennoch werden wir in der Arbeit von vielen Ablenkungen gestört. Besonders schwierig ist das Arbeiten in einer lauten Umgebung, etwa in einem Großraumbüro. Daher wollen wir üben, solche Ablenkungen und Störgeräusche nicht länger als Lärm, sondern als Klang zu betrachten.

Der Duden definiert Lärm als „ als störend und unangenehm empfundene laute, durchdringende Geräusche". Klang ist „etwas, was akustisch in reiner, dem Ohr wohlgefälliger Weise wahrgenommen wird". Was davon würden Sie eher hören wollen?

Man spricht vom Klang der Vogelstimmen, aber vom Lärm des Bohrers – die Worte enthalten ein Werturteil. Wenn wir etwas als unangenehm bewerten, rücken wir mental davon ab, unser Körper sträubt sich dagegen und unsere Schutzmechanismen werden aktiviert. Das kostet Energie und erzeugt Spannungen im Körper, die zur Gewohnheit werden und langfristig der Gesundheit schaden können.

Wenn wir lernen, Lärm als Klang wahrzunehmen, können wir diese Fähigkeit auch im Arbeitsalltag einsetzen, wo uns unser Umfeld ablenkt und Gefühle wie Ärger und Frust in uns weckt. Diese Gefühle übertragen wir dann auf andere Menschen, auf unsere Leistung und unser allgemeines Wohlbefinden. Stattdessen können wir die ständig klingelnden Telefone und die Baustelle vor dem Fenster in eine Kombination aus Tönen und Klangfarben verwandeln. Wir lassen sie anschwellen und verebben, ohne uns daran aufzureiben. Wenn wir intensive Gefühle aufkommen spüren, verankern wir uns über unseren Atem.

ÜBUNG

- Legen Sie eine Zeit und einen Ort fest, um zu meditieren. Wählen Sie die gewünschte Dauer.

- Nehmen Sie sich Zeit, um eine bequeme Position einzunehmen (Seite 42), und konzentrieren Sie sich ein paar Minuten lang auf den Bereich Ihres Körpers, wo Sie Ihren Atem am stärksten spüren (Seite 102).

- Wenn Sie bereit sind, dehnen Sie Ihre Aufmerksamkeit weiter aus, um die Geräusche, egal ob nah oder fern, um Sie herum wahrzunehmen.

- Achten Sie darauf, wann Sie ein Geräusch als angenehm oder störend bewerten. Welche Empfindungen nehmen Sie in Ihrem Körper wahr, wenn Sie etwas als „Lärm" bezeichnen?

- Machen Sie sich Ihre Ansichten zu oder Interpretationen von bestimmten Geräuschen bewusst. Lassen Sie diese Gedanken los, sobald Sie sie bemerken, und richten Sie Ihre Aufmerksamkeit wieder auf Ihre Atmung, bevor Sie sie erneut ausweiten.

- Wir empfangen ständig Geräusche – sie werden von der Luft übertragen, gelangen zu uns und ziehen weiter. Kein Grund, sie persönlich zu nehmen oder etwas in sie hineinzuinterpretieren. Geräusche sind einfach nur Vibrationen in der Luft.

- Machen Sie Ihren Körper zum Radarsystem, das jedes ankommende Geräusch empfängt. Sie müssen nicht nach Geräuschen suchen – beobachten Sie auch das Geräusch der Stille, wenn es da ist. Wie klingt die Stille? Wie still ist die Abwesenheit von Geräuschen?

- Geräusche sind wie Gedanken. Sie tauchen auf, ob wir wollen oder nicht, und wir können sie nicht kontrollieren. Wir können uns nur bewusst entscheiden, wie wir mit ihnen umgehen wollen. Wir müssen uns nicht auf sie konzentrieren oder ihr Vorhandensein künstlich aufbauschen. Wenn wir merken, dass wir das doch tun, können wir dieses Verhalten einfach loslassen.

DIE WOGEN GLÄTTEN

Die größte Ablenkung für unsere Aufmerksamkeit ist emotionale Unruhe. Wie wir uns fühlen, ist wichtig für uns, darum macht unser Gehirn jede Unzufriedenheit immer gleich zur Priorität. Wenn wir innerlich aufgewühlt sind, können wir uns nicht gut konzentrieren, da unsere Aufmerksamkeit von unseren Gedanken beansprucht wird. Daraus wird schnell Grübelei, wenn wir versuchen, unser emotionales „Problem" zu lösen.

Je besser wir lernen, loszulassen (indem wir bei Ablenkung immer wieder zu einem Fixpunkt zurückkehren), desto leichter können wir auch dann loslassen, wenn wir aufgewühlt sind. Darum nützt uns jede Übung, die unsere Fähigkeit, loszulassen, stärkt. Dennoch wird es immer wieder Situationen geben, in denen uns unsere Gefühle überwältigen und wir etwas dagegen tun wollen, aber nicht wissen, was.

Wenn Sie diese Übung machen, sollten Sie bereits mit den Meditationen zu Atem und Körper vertraut sein (siehe Seiten 102 – 107). Sie sollten wissen, wie Sie Ihren Atem als Anker einsetzen und Ihre Aufmerksamkeit lenken können und Sie sollten mit den Empfindungen Ihres Körpers vertraut sein. Wir müssen unsere Aufmerksamkeit wie einen Scheinwerfer einsetzen können – manchmal beleuchten wir nur eine Sache, dann wieder fangen wir mit dem Lichtkegel unser ganzes Erleben ein. All diese Fähigkeiten benötigen Sie für diese Übung.

ÜBUNG

★ Setzen Sie sich bequem hin (Seite 102) und nehmen Sie sich Zeit, um sich auf Ihre Atmung zu konzentrieren. Spüren Sie Ihren Atem und Ihren Körper und nutzen Sie diese Empfindungen als Anker – damit Sie nicht von Gefühlen mitgerissen werden.

★ Wenn Sie bereit sind, dehnen Sie Ihre Aufmerksamkeit auf Ihr aktuelles Problem aus, während Sie sie gleichzeitig auch auf Ihren Körper gerichtet lassen. Nehmen Sie wahr, wie sich Ihre emotionalen Empfindungen auf Ihren Körper auswirken. Benennen Sie Gefühle, die Ihnen bewusst werden, und nehmen Sie wahr, in welchen Bereichen des Körpers Sie sie spüren. Lenken Sie Ihren Atem an diese Stelle, wenn es sich für Sie gut anfühlt.

★ Werden Sie sich Ihrer Gedanken bewusst. Erinnern Sie sich daran, dass Gedanken keine Tatsachen sind, sondern nur vorübergehende Zustände.

★ Stellen Sie sich vor, dass Sie an der Quelle eines Wasserfalls stehen oder sitzen – nahe an der Felskante, aber in Sicherheit. Spüren Sie Ihre Verbindung mit dem Erdboden. Ihre Gedanken sind wie das vorbeirauschende Wasser: Manche sind so stark, dass sie Sie „durchtränken", andere kreisen eine Weile in den Strudeln, aber früher oder später strömen sie alle aus Ihrem Blickfeld hinaus. Beobachten Sie von Ihrem sicheren Platz aus die Gedanken, die weggespült werden, ohne Sie mitzureißen.

★ Richten Sie Ihre Aufmerksamkeit immer wieder auf Ihre Atmung und Ihren Körper. Damit wir nicht von Gedanken und Gefühlen überwältigt werden, konzentrieren wir uns hauptsächlich auf Atmung und Körper und nehmen unsere Gefühle immer nur wenige Sekunden lang wahr. Dieser Wechsel ermöglicht es uns, auch intensive Gefühle zu ertragen.

★ Konzentrieren Sie sich abschließend noch einmal ganz auf Ihre Atmung.

Denken Sie bei dieser Übung daran, dass es nicht darum geht, Ihre Gefühle loszuwerden. Wenn Sie in der Arbeit intensive Gefühle verspüren, nehmen Sie bewusst wahr, wie Sie sich fühlen, und verankern Sie sich mit den Füßen auf dem Boden (Seite 47).

ARBEIT MIT NACH HAUSE NEHMEN

Arbeit mit nach Hause zu nehmen, bedeutet nicht unbedingt, tatsächlich zu arbeiten. Wie oft gehen Sie im Geiste noch eine Situation aus Ihrem Arbeitstag durch? Welche Arbeit nehmen Sie in Ihrem Kopf mit nach Hause? Vielleicht ist es ein Streit mit einem Kollegen oder dem Chef, vielleicht haben Sie einen Fehler gemacht oder Sie feilen schon lange an einem schwierigen Projekt. Wahrscheinlich ist es etwas, das Sie aufgewühlt hat und das Sie nicht loslässt. Sie spielen das Ereignis im Kopf immer wieder durch und analysieren es. Sie überlegen, was die anderen wohl gedacht haben oder welche Folgen das Ereignis haben wird. Oft rauben uns diese Gedanken den Schlaf und sorgen für Stress, Gereiztheit und Angst.

Die Verbindung zwischen Geist und Körper ist so stark, dass wir ein aufwühlendes Erlebnis bei jedem gedanklichen Durchspielen wieder so erleben, als fände es tatsächlich statt. Der Körper empfindet die Gedanken als Bedrohung und aktiviert die Kampf-oder-Flucht-Reaktion (Seite 22). Wir merken, dass unser Körper auf diese mentale „empfundene Bedrohung" reagiert: Wir atmen schneller, uns wird schlecht, wir schwitzen oder müssen dringend auf die Toilette. Diese Empfindungen sind unangenehm und führen zu weiteren Gedanken: „Warum fühle ich mich so? Das ist nicht normal." Solche Gedanken sind Signale, die dafür sorgen, dass die Stressreaktion aktiviert bleibt. Was aber sollen wir tun?

Das Wichtigste ist, die Aufmerksamkeit auf den Körper – die körperlichen Empfindungen unseres Erlebens – zu lenken. Anfangs kann man sich auf eine starke Sinneswahrnehmung konzentrieren, etwa auf das Gefühl des Körpers auf dem Stuhl oder der Füße auf dem Boden. Nehmen Sie diese Berührungspunkte wahr und spüren Sie Temperatur, Materialien oder Druck.

Dehnen Sie Ihre Aufmerksamkeit dann allmählich auf den gesamten Körper aus. Achten Sie auf den Atem, auf auftauchende Gefühle in Ihrem Inneren und auf Einflüsse von außer – etwa auf einen Windhauch in Ihrem Gesicht oder einen bestimmten Geruch. Nehmen Sie Ihr Erleben mit Neugier und ohne zu werten wahr.

Je häufiger wir Achtsamkeit mithilfe einer Sitzmeditation praktizieren (Seiten 102–107), desto empfänglicher werden wir für frühe Anzeichen dafür, dass wir in negative Denkmuster verfallen. Sobald Sie solche Gedanken bemerken, **richten Sie Ihre Aufmerksamkeit auf den Körper, um die Gedanken zu unterbinden.** Das durchbricht den Teufelskreis und macht die Stressreaktion weniger empfindlich. Durch negative Denkmuster wird sie hingegen verstärkt. Es liegt an Ihnen, Ihre Aufmerksamkeit davon wegzulenken. Das ist aber gar nicht so leicht – haben Sie daher Geduld und üben Sie, so oft es geht.

Befreien Sie sich von der Vorstellung, dass Achtsamkeit alles Unangenehme verschwinden lässt. Sobald Sie diese Erwartungshaltung einnehmen, sabotiert diese Ihre Praxis. **Wir praktizieren Achtsamkeit, ohne ein bestimmtes Ergebnis zu erwarten.** Wir nehmen einfach nur unser Erleben wahr (auch wenn es uns nicht gefällt) und paradoxerweise hilft uns diese Akzeptanz: Das Unangenehme verschwindet zwar nicht zwingend, aber weil wir nicht darauf reagieren, fühlt es sich nicht mehr so schlimm an.

Betrachten Sie Ihr Erleben mit Neugier und ohne Erwartungen.

MÜDE BEINE ODER GRÜBELEI?

Die Schwerkraft ist ein Stressfaktor. Kein Wunder, dass wir abends oft schwere Beine haben, besonders wenn wir den ganzen Tag stehen oder herumlaufen mussten. Diese traditionelle Yogaübung wirkt entspannend und bringt bereits nach kurzer Zeit einen spürbaren Nutzen. Sie stärkt nicht nur müde Beine, sie besänftigt auch den grübelnden Geist, hilft bei Schlaflosigkeit und dehnt die Beinrückseite, den vorderen Oberkörper und den Nacken – die perfekte Übung nach einem langen Tag.

Sie benötigen einen freien Platz an der Wand eine Matte oder Decke zum Daraufliegen und eine oder zwei dicke, zusammengelegte Decken als Stütze. Auch eine Augenmaske kann angenehm sein. Achten Sie darauf, ob Gedanken wie „Ich sollte aber ..." in Ihrem Kopf auftauchen, und erinnern Sie sich daran, dass wir immer nur auf das achten, was wirklich ist. Es macht außerdem auch nichts, wenn Ihre Beine nicht perfekt an der Wand anliegen.

Die traditionelle Yogahaltung Viparita Karani wirkt stärkend und entspannend.

Hinweis: Manche Yogalehrer empfehlen, dass Frauen während der Menstruation keine Umkehrhaltungen wie diese praktizieren sollten. Vor allem sollten Sie diese Übung aber im Falle von ernsthaften Augenerkrankungen meiden, etwa bei grünem Star. Wenn Sie Nacken- oder Rückenbeschwerden haben, wenden Sie sich zuvor an einen erfahrenen Lehrer.

BEINE AN DER WAND

1. Ziehen Sie die Schuhe aus. Ihre Größe und Ihre Gelenkigkeit bestimmen, wo Sie die zusammengelegte Stützdecke platzieren. Wenn Sie weniger gelenkig sind, legen Sie die Decke weiter von der Wand entfernt hin und falten Sie sie nicht so oft. Sind Sie gelenkiger, falten Sie sie öfter und legen Sie sie näher an die Wand. Wenn Sie eher klein sind, legen Sie sich näher an die Wand. Probieren Sie am besten aus, was für Sie am angenehmsten ist.

2. Platzieren Sie die Stützdecke etwa eine Handbreit von der Wand entfernt. Setzen Sie sich dann seitlich hin, schwingen Sie Ihre Beine beim Ausatmen sanft nach oben an die Wand und legen Sie sich mit Rücken, Schultern und Kopf auf den Boden. Es kann sein, dass Sie ein paar Versuche benötigen, bis es klappt. Vielleicht müssen Sie die Decke neu positionieren, bis Sie eine bequeme Haltung finden.

3. Das Kinn sollte etwas tiefer liegen als die Stirn – legen Sie Ihren Kopf bei Bedarf auf ein Kissen. Der Oberkörper sollte sich leicht über die zusammengelegte Decke wölben. Die Beine sind entspannt, aber gerade.

4. Legen Sie Ihre Arme mit den Handflächen nach oben neben den Körper. Falls Sie Unruhe verspüren, können Sie die Hände auf den Bauch legen.

5. Wenn Sie möchten, können Sie eine Augenmaske aufsetzen. Nehmen Sie sich Zeit, spüren Sie den Boden und lassen Sie sich von ihm stützen. Konzentrieren Sie sich auf Ihre Atmung. Spüren Sie die Atemzüge und wie sich Ihr Bauch hebt und senkt. Jedes Ausatmen lockert und entspannt Sie und befreit Sie von Gedanken, Anspannung und Erschöpfung, während Sie im gegenwärtigen Moment ruhen.

6. Wenn Sie bereit sind, aufzuhören (nach etwa 5 bis 15 Minuten), rutschen Sie vorsichtig von der Decke, bevor Sie Ihre Beine herabsenken. Bleiben Sie noch ein paar Atemzüge lang auf der Seite liegen und setzen Sie sich dann auf. Sie können die Übung auch früher abbrechen, vor allem wenn die Haltung für Sie unangenehm ist.

SCHLAFLOSE NÄCHTE

Nachts wachzuliegen, ist Stress. Vielleicht wachen wir mit Gedanken an die Arbeit auf, dann denken wir daran, dass wir nicht schlafen können, und schon sind wir in einer Angstspirale gefangen. Am leichtesten entkommen Sie dieser, indem Sie Ihre Aufmerksamkeit ohne Erwartungen auf Ihren Körper richten. Jede der folgenden drei Übungen beruhigt Ihren Geist – und wenn der Geist ruht, ruht auch der Körper.

ÜBUNG EINS

★ Legen Sie sich auf den Rücken und lassen Sie die Füße locker nach außen fallen. Spüren Sie, wie Ihr Körper auf dem Bett aufliegt. Nehmen Sie Ihren Körper von den Fersen beginnend über die Beine, den Rücken, den Nacken bis hin zum Kopf bewusst wahr. Spüren Sie, wie der Körper vom Bett getragen und gestützt wird – und lassen Sie sich stützen. Atmen Sie tief ein und aus.

★ Legen Sie eine oder beide Hände auf Ihren Bauch und lenken Sie Ihre Aufmerksamkeit auf Ihre Handflächen. Spüren Sie die Hände auf Ihrem Bauch. Achten Sie nun auf Ihre Atmung, vor allem auf das Ausatmen. Wenn Sie möchten, können Sie im Stillen „ausatmen" sagen, wenn Sie ausatmen. Ihre Hände senken sich zusammen mit Ihrem Bauch, während der Atem den Körper verlässt. Nehmen Sie wahr, wie Ihr Körper auf jedes Ausatmen reagiert und wie jeder Atemzug vom Körper ganz losgelassen wird.

★ Beobachten Sie Ihre Atmung weiterhin auf diese Weise. Vielleicht beobachten Sie nach einer Weile das Ein- und das Ausatmen gleichermaßen – das ist auch in Ordnung.

★ Falls irgendwann Gedanken an die Arbeit oder die Schlaflosigkeit zurückkehren, benennen Sie sie als „Denken", erinnern Sie sich daran, dass Sie einfach nur atmen, ohne die Erwartung zu haben, einschlafen zu müssen, und lenken Sie Ihre Aufmerksamkeit wieder auf das Ausatmen. Ganz egal ob Sie einschlafen oder nicht, das bewusste Atmen beruhigt den Geist und Sie werden sich ausgeruhter fühlen.

Tipps

Die folgenden Tipps helfen Ihnen beim Einschlafen. Probieren Sie, wie bei allen Übungen, auch hier Verschiedenes aus und achten Sie immer darauf, was Sie empfinden.

- Verbannen Sie wenn möglich Ihr Arbeitshandy aus dem Schlafzimmer. Liegt das Handy neben dem Bett, steigt die Wahrscheinlichkeit, dass Sie abends und nach dem Aufwachen Ihre E-Mails checken. Nehmen Sie wahr, wie sich das auf Ihre Gedanken und Gefühle auswirkt, achten Sie auf dieses Verhalten und seine Folgen. Sind die Folgen negativ, machen Sie sich bewusst, dass Sie sich auch anders entscheiden können.
- Gegen Einschlafprobleme kann helfen, etwa anderthalb Stunden vor dem Zubettgehen ein heißes Bad zu nehmen, denn wenn die Körpertemperatur sinkt, werden wir müde.
- Das Schlafzimmer ist zum Schlafen da. Vermeiden Sie, dort fernzusehen oder an Ihrem Laptop oder Tablet zu arbeiten. Lassen Sie das Gehirn eine Weile zur Ruhe kommen, bevor Sie sich zum Einschlafen bereitmachen.

Durch den Körper atmen

Im Halbschlaf sind wir nicht in der Lage, bewusst und der Situation entsprechend zu handeln. Die folgende Übung ist für solche Halbwachzustände genau richtig (kann aber natürlich auch durchgeführt werden, wenn Sie hellwach sind). Sie hilft Ihnen, sich leichter und schneller auf Ihren Körper zu besinnen, um Abstand zu Ihren Gedanken zu gewinnen. Wenn uns das sogar im Halbschlaf gelingt, wird es uns auch sonst leichter fallen, die ständige Grübelei im Zaum zu halten.

ÜBUNG ZWEI

★ Legen Sie sich flach auf den Rücken und stellen Sie sich vor, dass Sie durch Ihre Fußsohlen atmen. Beim Einatmen fließt der Atem durch Ihre Beine nach oben, durch den Oberkörper, wo das Einatmen zum Ausatmen wird, bis zum Scheitel, wo die Luft wieder hinausströmt. Machen Sie das, so lange Sie möchten und es sich für Sie gut anfühlt.

★ Mir fällt es leichter, durch die Füße ein- und durch den Kopf wieder auszuatmen, aber die Richtung spielt keine Rolle. Wenn es sich für Sie besser anfühlt, atmen Sie umgekehrt. Lassen Sie Ihren Atem in einem gleichmäßigen Rhythmus durch Ihren Körper fließen – in den Körper hinein und wieder hinaus.

★ Denken Sie daran: Sie tun das nicht, um einzuschlafen. Es ist schön, wenn Sie dabei einschlafen, aber lösen Sie sich von dieser Erwartungshaltung. Sonst denken Sie alle paar Sekunden daran und Ihre Aufmerksamkeit springt vom Körper in den Kopf, um zu prüfen, ob Sie schon müde sind und um Ihr Erleben zu bewerten – und genau das wollen wir vermeiden.

Atemzüge zählen

Ein altbekanntes Hilfsmittel zum Einschlafen ist das Schäfchenzählen. Ich finde Schafe aber zu ablenkend. Ich fange dann immer an, die Landschaft zu betrachten. Wenn es Winter ist, frage ich mich, ob den Schafen nicht kalt ist, im Frühling sehe ich die Lämmchen, Zwillinge und Drillinge, und dann ist da immer eines, das seine Mutter verloren hat. Ich weiß auch nicht, wie viele Schafe es überhaupt gibt, wann ich mich verzählt habe und wo ich dann wieder anfangen soll. Und schon bin ich in Gedanken verstrickt. Wenn wir uns auf bestimmte Bilder konzentrieren wollen, denkt sich das Gehirn immer neue Ablenkungsmanöver aus. Um das zu verhindern, vereinen wir in dieser Übung zwei Techniken: das Zählen und das Lenken unserer Aufmerksamkeit auf den Körper – beim Zählen unserer Atemzüge.

ÜBUNG DREI

- Konzentrieren Sie sich auf die Stelle, an der Sie Ihren Atem am stärksten spüren. Meist ist das der Bauch, die Brust oder der Bereich um die Nasenlöcher und die Oberlippe. Es kann hilfreich sein, dabei die Hände auf den Bauch zu legen.

- Zählen Sie beim Einatmen: „eins". Atmen Sie aus und zählen Sie beim nächsten Einatmen: „zwei". Atmen Sie dann wieder aus.

- Zählen Sie so bis zehn und fangen Sie dann wieder bei eins an. Sollten Sie versehentlich weiter als bis zehn zählen, hören Sie auf, sobald Sie es bemerken, und fangen Sie wieder bei eins an. Wir üben schließlich, unsere abschweifende Konzentration immer wieder zurückzuholen, und je öfter wir das tun, desto besser trainieren wir unsere Aufmerksamkeit.

- Die Nervenbahnen für unsere Gedanken sind dieselben wie die für die Wahrnehmung körperlicher Empfindungen. Unser Körper kann daher nicht beides gleichzeitig machen. Unsere Gedanken schweifen zwar immer wieder ab, aber wenn wir uns statt auf einen Gedanken (wie etwa „Schäfchen") auf unseren Körper konzentrieren, machen wir es den Gedanken schwerer, uns abzulenken. Da wir nur bis zehn zählen, merken wir, wenn wir abgelenkt sind, und wissen, zu welchem Fixpunkt wir wieder zurückkehren müssen.

TIEFENENTSPANNUNG

Yoga Nidra ist eine jahrhundertealte Yogapraktik zur Tiefenentspannung. Wenn ich eine geführte Yoga-Nidra-Meditation mache, merke ich, dass ich danach tiefer schlafe, früher aufwache und mich ausgeruhter fühle. Die folgende Übung folgt dem Prinzip von Yoga Nidra. Diese Übung dauert eher lang, etwa 45–50 Minuten, und am leichtesten ist es, wenn Sie jemandem zuhören, der Sie in diesen Zustand bringt: Im Internet gibt es Tonaufnahmen, die Sie gratis oder gegen Bezahlung herunterladen können (siehe Seite 140). Haben Sie das Grundprinzip verstanden, können Sie die Übung auch ohne externe Hilfsmittel durchführen. Mir fällt das Visualisieren leichter, wenn ich mich hinlege, aber Sie können die Übung auch im Sitzen machen.

Bei dieser Übung kommt es nicht auf die genaue Abfolge an. **Wir bewegen einfach unsere Aufmerksamkeit durch den Körper** und richten sie auf einen bestimmten Bereich, bevor wir sie wieder ausdehnen und den ganzen Körper wahrnehmen. Sie können einzelne Teile dieser Übung oder die ganze Meditation auch mehrmals wiederholen. Vielleicht schlafen Sie dabei ein, vielleicht auch nicht – meditieren Sie ohne Erwartungen.

ÜBUNG

★ Legen Sie sich auf den Rücken. Arme und Beine sind ausgestreckt, die Füße fallen locker nach außen und die Hände liegen mit etwas Abstand zum Körper. Nehmen Sie sich ein paar Minuten Zeit, um sich durch den Fokus auf Ihren Atem mit Ihrem Körper zu verbinden.

★ Achten Sie nun auf die rechte Hälfte Ihres Körpers. Nehmen Sie sie bewusst wahr: den rechten Fuß, das rechte Bein, den rechten Arm und die rechte Seite des Oberkörpers.

★ Lassen Sie die rechte Körperseite los und konzentrieren Sie sich nun auf die linke: auf den linken Fuß, das linke Bein, den linken Arm und die linke Seite des Oberkörpers.

★ Lassen Sie jetzt die linke Körperseite wieder los und nehmen Sie ein oder zwei Minuten lang den ganzen Körper wahr: vom Kopf bis zu den Zehen. Halten Sie den gesamten Körper in Ihrer Aufmerksamkeit.

★ Lassen Sie nun den gesamten Körper los und konzentrieren Sie sich nur auf Ihre untere Körperhälfte. Nehmen Sie Ihre Füße wahr – Ferse, Sohle und Zehen jedes Fußes –, dann die Unterschenkel, die Knie, die Oberschenkel, das Gesäß, das Becken und den Bauch. Halten Sie die untere Hälfte Ihres Körpers in Ihrer Aufmerksamkeit.

★ Lassen Sie die untere Körperhälfte dann wieder los und achten Sie auf die obere Körperhälfte: Rücken, Schultern, Arme und Hände, Nacken und Kopf. Halten Sie die obere Hälfte Ihres Körpers in Ihrer Aufmerksamkeit.

★ Lassen Sie die obere Körperhälfte los und nehmen Sie nun wieder Ihren gesamten Körper bewusst wahr.

★ Konzentrieren Sie sich nun auf die Rückseite Ihres Körpers. Nehmen Sie den Rücken wahr, wie er auf dem Bett oder Boden aufliegt. Achten Sie auf Berührungspunkte sowie auf jene Stellen, die nicht aufliegen.

★ Lassen Sie den Rücken los und nehmen Sie nun die Vorderseite Ihres Körpers wahr: das Gesicht, die Brust, den Bauch, die Vorderseite der Oberschenkel und die Schienbeine.

★ Lassen Sie schließlich auch die Vorderseite los und nehmen Sie wieder den gesamten Körper wahr: Oberkörper, Gliedmaßen, Vorderseite, Rückseite und die rechte und linke Seite. Bleiben Sie ganz ruhig liegen – und spüren Sie **Ihren ganzen Körper.**

WIE GEHT ES WEITER?

Dieses Buch bietet nur einen ersten Einblick in das Thema Achtsamkeit, wenn Sie Interesse daran haben, empfehle ich Ihnen, an einem Achtsamkeitskurs teilzunehmen. Es gibt viele Gruppen, in denen man das Praktizieren von Achtsamkeit erlernen kann. Ich halte Kurse in Großbritannien ab – weitere Informationen finden Sie auf meiner Website: www.mindfulness-meditation-now.com.

Achtsamkeitszentren und -informationsstellen in Deutschland, Österreich und der Schweiz:

MBSR-MBCT-Verband: www.mbsr-verband.de

Deutsches Fachzentrum für Achtsamkeit: www.dfme-achtsamkeit.de

Arbor-Seminare – Achtsamkeit lehren: www.arbor-seminare.de

MBSR-MBCT-Vereinigung Österreich: www.mbsr-mbct.at

Kurse, Seminare und Achtsamkeitswanderwochen im Kleinwalsertal (Ö) und im Allgäu (D): www.wegezumsein.de

Achtsamkeit in der Schweiz: www.centerformindfulness.ch

Eine geführte Yoga-Nidra-Meditation (siehe Seite 138) finden Sie hier: http://www.raum-fuer-entspannung-und-heilung.de/tiefenentspannung-yoga-nidra-r/

Es gibt unzählige tolle Bücher zum Thema Achtsamkeit – viel zu viele, um sie alle aufzuzählen. Manche richten sich eher an eine akademische Leserschaft, andere sind für eine breitere Zielgruppe gedacht. Manche wurden von praktizierenden Buddhisten geschrieben, andere Verfasser nähern sich dem Thema auf eine rein weltliche Weise. Einige Autoren, die ich ganz besonders empfehlen möchte, sind Mark Williams, Jon Kabat-Zinn, Pema Chödrön, Sharon Salzberg, Jack Kornfield, Joseph Goldstein und Thich Nhat Hanh. Weitere Informationen speziell zum Thema Achtsamkeit am Arbeitsplatz finden Sie auf der gegenüberliegenden Seite.

INFORMATIONEN ZUM THEMA

Wenn Sie gern mehr über Achtsamkeit am Arbeitsplatz und über die wissenschaftlichen Grundlagen lesen möchten, empfehle ich Ihnen folgende Bücher und Artikel:

Allgemeine Informationen rund um das Thema Achtsamkeit am Arbeitsplatz: http://www.achtsamkeit-am-arbeitsplatz.de

Carroll, Michael, *Awake at Work*, Shambhala, 2004

Chaskalson, Michael, *The Mindful Workplace*, Wiley-Blackwell, 2011

Chödrön, Pema, *Den Sprung wagen: Wie wir uns von destruktiven Gewohnheiten und Ängsten befreien*, Arkana, 2010

Creswell, J. K., Baldwin, M. A., Way, M., Eisenberger, N. I. und Lieberman, M. D.: „Neural Correlates of Dispositional Mindfulness During Affect Labeling", in: *Psychosomatic Medicine* 69, 2007

Csikszentmihalyi, Mihaly, *Flow: Das Geheimnis des Glücks*, Klett-Cotta, 2015

Frederickson, B. L., Cohn, M. A., Coffey, K. A., Pek, J. und Finkel, S. M.: „Open Hearts Build Lives" in: *Journal of Personality and Social Psychology* 95, 2008

Goleman, Daniel, *What Makes a Leader*, More than Sound, 2014 und *Konzentriert euch! Eine Anleitung zum modernen Leben*, Piper, 2015

Hanh, Thich Nhat, *Achtsam arbeiten, achtsam leben: Der buddhistische Weg zu einem erfüllten Tag*, O. W. Barth, 2013

Hanson, Rick, *Das Gehirn eines Buddha: Die angewandte Neurowissenschaft von Glück, Liebe und Weisheit*, Arbor, 2017

Kabat-Zinn, Jon, *Gesund durch Meditation*, O. W. Barth, 2011

Lazar, S. W., Kerr, C. E., Wasserman R. H., et al., „Meditation Experience is Associated with Increased Cortical Thickness", in: *Neuroreport* 16, 2005

Mental Health Foundation, Mindfulness Report 2010

Rock, David, *Brain at Work: Intelligenter arbeiten, mehr erreichen*, Campus, 2011

Williams, Mark et al., *Der achtsame Weg durch die Depression*, Arbor, 2009

REGISTER

Ablenkungen 66-67, 72, 126
Absicht 16, 88-89
Achtsamkeit
   achtsame Minute 54
   aus Erfahrung lernen 32-33
   Bedeutung 16
   Entspannungsreaktion 30-31
   Fragen und Vorurteile 38-39
   Hilfreiche Eigenschaften 40-41
   Nutzen von 18-19, 21
   und Stress 22-27
   Ursprünge in 17
   Widerstandskraft entwickeln 36-37
Achtsamkeitsbasierte kognitive Therapie (MBCT) 17
Adrenalin 25, 27
Akzeptanz 37, 41, 106
Amygdala 26, 28, 62, 73
Angst 32
Angststörung 17
Arbeit
   Arbeit mit nach Hause nehmen 130-131
   Arbeitsplätze 14
   Beförderung 8
   berufsbedingter Stress 14
   chronischer Stress 23
   Krankmeldungen 19
   und Identität 14
Arbeitsschutzbehörde 14
Atmung 47
   achtsame Minute 54
   Atemraum 78-79
   chronischer Stress 23
   Entspannungsreaktion 31, 34
   Fokus auf den Atem 102-107
   Schlafstörung 136-137
   sich umarmen 60
   unerwünschtes Annehmen 57
Aufmerksamkeit 16-17, 46, 49, 61, 66-67, 68, 108-109
Auszeiten 71
Auto 117

Barometer, Gemütszustand 91
Bartley, Trish 91
Basalganglien 63, 66
„Bedrohungsmodus" 25-27, 55, 62

Beine an der Wand 132-133
Bewältigungsstrategien 29
Beziehungen 80
   Einstellung beachten 88-89
   Telekommunikation 92-97
   schwierige Menschen 81, 86-87, 112
   Absicht 88-89
   Güte 81, 98-99
   Hören 82-85
   Schwingungen 90
Blutdruck 20, 28
Body-Scan 53
Buddhismus 38, 68
Burnout 17
Busse 117, 118

Chancen 62
Chaskalson, Michael 54
Chodron, Pema 89
Chronischer Stress 22-24, 28-29
Cortisol 27, 28
Csikszentmihalyi, Mihaly 66

Depression 17, 28
Diabetes 28
Dopamin 27

E-Mail 92, 94-97, 120-121, 122, 123, 135
Ego 87
Entspannen 39
Entspannungsreaktion 29, 30-35, 60
Epinephrin 27
Erleben 25
Essen 58-59, 114-115
Essstörungen 17

flaues Gefühl 27
Flow 66-67
Fortpflanzungsorgane 27, 28
Frühstück 114-115
Füße auf dem Boden 34, 47

Gedächtnis 23, 72
   Körpergedächtnis 30-31, 55
Gedanken
   Arbeit mit nach Hause nehmen 130

Atemraum 78
beachten 108-109
benennen 72-73
Gedankennuancen 52
in Meditation 38
Vermeidungsmodus 37
Gedanken benennen 72-73
gedankliches Abschweifen 16, 46, 68-69
Geduld 41
Gefühl von Hilflosigkeit 30, 32, 76
Gefühle
   emotionale Intelligenz 20
   emotionale Unruhe 128-129
   Gefühle benennen 72-73
   Spiegelneuronen 92
   wahre Gefühle akzeptieren 9
   Widerstandskraft entwickeln 36-37
Gehen 51, 119
Gehirn 70-71
   Achtsamkeitsmeditation 20, 67
   Benennen eines Gefühls 73
   chronischer Stress 28
   emotionale Unruhe 128
   Entspannungsreaktion 30-31, 34
   Erlernen neuer Fähigkeiten 124
   Flow 66
   Gewohnheiten 63
   liebende Güte 110-113
   limbische System 62, 90
   Multitasking 61, 70
   Spiegelneuronen 92
   Stressreaktion 25-27, 30, 56
   Vermeidungsmodus 56
Gelegenheit 87
Geruch, Gefühl von 58, 64, 65
Geschmackssinn 58, 64, 65
Gespräch 82-83, 90
Gewohnheiten 16, 63
Glucocorticoide 27
Glückszustand 66
Goleman, Daniel 66, 90
Güte 41, 81, 98-99, 110-113

Haltung 39, 42-43, 50
Haut, Stressreaktionen 27
Heraus aus dem Kopf 53
Herz 27, 28
Hilflosigkeit 62

Hindernisse 87
Hören 82–85

Identität 14, 87
Im Hier und Jetzt leben 39
Immunsystem 20
Insulin 28

Kabat-Zinn, Dr Jon 7, 17, 32
Kampf-oder-Flucht-Reaktion 26, 27, 32
Katastrophendenken 74–75
Klang 126–127
Kopf
    Haltung 50
    heraus aus dem Kopf 53
Krankmeldungen 19
Körper, Aufmerksamkeit 8, 34, 106–107
Körpergedächtnis 30–31, 55
Körpersprache 87, 97

Langeweile 66, 68
Lärm 126–127
Lazar, Sara 67
Lernen
    aus Erfahrungen 32–33
    neue Fähigkeiten 124–125
liebende Güte 110–113
limbisches System 62, 90
Loslassen 40, 67, 77, 128

Meditation 7
    Atemraum 78–79
    Frager- und Vorurteile 38–39
    lernen zu meditieren 8
    Sitzposition 39, 42–43
    unerwünschtes Annehmen 57
Mental Health Foundation 15
Mit anderen Freundschaft
    schließen 112–113
Mit sich selbst Freundschaft
    schließen 110–111
Mitgefühl 81
Montagstief 122–123
Multitasking 16, 61, 70

Nacken, Haltung 50
Nahverkehrsunternehmen 19
narrativer Schaltkreis 64
National Institute of Clinical
    Excellence (NICE) 17
Negativität 16, 32

benennen und 73
chronischer Stress 23
Katastrophendenken 74–75
schwierige Menschen 86
Stimmung 91
überbewerten 55
Vermeidungsmodus 56
Neugier 40, 48–49, 68
Neurotransmitter 27
nicht urteilen 41
nicht streben 40
Norepinephrin 27

Oxytocin 60

Panikattacken 23
Perfektionismus 76–77
positive Erlebnisse 55
positive Gedanken 39

Religion 38
Rinpoche, Dzigar Kongrul 89
Roboter 16, 70, 86, 88, 118
Rock, David 64, 70, 71

Schlafstörungen 24, 134–139
Schultern, Haltung 50
schwierige Menschen 81, 86–87, 112
Schwingungen 90
Segal, Zindel V. 17
Selbstberuhigung 79
Seligman, Martin 66
Serotonin 28
sich Schwierigem öffnen 56–57
Signale, Kommunikation 92
Sitzposition 39, 42–43, 50
Spiegelneuronen 92
stabilisieren 47, 53
Stimmung 91
    freundliche Gesten 98
    Schwingungen wahrnehmen 90
    Stimmungsschwankungen 28
    und Sichtweise auf ein Ereignis 74–75
Stress
    berufsbedingt 14
    Burnout 17
    chronischer Stress 22–24, 28–29
    Entspannungsreaktion 29, 30–5
    Stressreaktion 24–27, 30, 56, 130

und Achtsamkeit 22–27
Warnsignal 22
Widerstandsfähigkeit 36–37
Stresshormone 26, 27, 28, 60
Stressreduktion 17, 18
Suchterkrankungen 17

Tagträume 46
Tasten 64, 65
Teasdale, John 17
Technologie 92, 120–121
Telefongespräche 92, 93, 97, 120–121, 135
Telekommunikation 92–97
Turner, Emerald-Jane 19

Übungen 125
Umarmen Sie sich 60
unerwünschtes Annehmen 57
Universitätsklinik von Massachusetts 17
Unsere Einstellung beachten 88–89
Urlaub 122–123
US-Marines 19

vergesslich 23
Verdauungsfunktionen 27, 28
Verhaltensweisen, Gewohnheiten 63
„verlorene Zeit" 51
Vertrauen 41

wahre Gefühle akzeptieren 9
Wahrnehmung 8, 34, 36, 106–107
Warnsignal 22
Was wäre, wenn … 46
Weg 116–119
Wenn es wie von allein läuft 66–67
Williams, Mark 17

Yoga 132–133, 138–139

Zuckerkick 58
Züge 117, 118

DANKSAGUNG

Bei der Arbeit an diesem Buch haben mir viele Menschen geholfen – nicht zuletzt Generationen von Achtsamkeitslehrern, die in zahllosen Büchern ihr Wissen und ihre Erfahrungen mit Achtsamkeitsmeditation großzügig und weise weitergegeben haben. Ich bedanke mich bei Cindy Richards und Lauren Mulholland und dem fabelhaften Team von CICO Books für ihre Unterstützung und ihre Begeisterung für Achtsamkeit. Ich danke Amy Louise Evans, der es (wieder einmal) gelungen ist, ein schwieriges Thema zu illustrieren. Beruflich und privat haben mich viele Menschen auf unterschiedlichste Weise unterstützt. Besonders hervorheben möchte ich Catherine Grey, Eluned Gold und das Team des Centre for Mindfulness Research and Practice in Bangor, Melissa Blacker und David Rynick sowie meine gesamte Familie und meine Freunde – allen voran Pip und die WTs. Nicht vergessen möchte ich auch die Teilnehmer meiner Kurse, von denen ich im Laufe der Jahre so viel gelernt habe und die ihre Erlebnisse und Erfahrungen mit Achtsamkeit mit mir geteilt haben – ich lerne immer noch so viel von euch. Danke!